国家级一流本科专业建设成果教材

交互设计实践

杨 贤　唐超兰　著

化学工业出版社

·北 京·

内容简介

本书兼顾交互设计的应用与研究，从贴合课程与课时的角度出发，聚焦于体系化、可操作性和可实践性，主要内容包括交互设计绪论、需求探索与分析、需求验证与用户画像建模、设计实践以及测试与评估。这五部分层层递进，既构成了完整的交互设计应用与研究的知识体系，也体现了交互设计完整的设计流程。

本书内容经过多年教学、企业项目及科研实践的验证，构建了一套完整的交互设计知识体系。本书既可作为本科生和研究生的交互设计课程教材，也可为相关科研工作者和行业从业者提供研究与实践的参考。无论是初学者还是有一定经验的从业者，都能从本书中获得实用的知识和启发。

图书在版编目（CIP）数据

交互设计实践 / 杨贤，唐超兰著. -- 北京：化学工业出版社，2025. 11. --（国家级一流本科专业建设成果教材）. -- ISBN 978-7-122-49392-7

Ⅰ. TP11

中国国家版本馆 CIP 数据核字第 20258S3Q66 号

责任编辑：孙梅戈　陈景薇　　　　装帧设计：韩　飞
责任校对：边　涛

出版发行：化学工业出版社
（北京市东城区青年湖南街 13 号　邮政编码 100011）
印　　装：中煤（北京）印务有限公司
787mm×1092mm　1/16　印张 10　字数 163 千字
2026 年 1 月北京第 1 版第 1 次印刷

购书咨询：010-64518888　　售后服务：010-64518899
网　　址：http：//www.cip.com.cn
凡购买本书，如有缺损质量问题，本社销售中心负责调换。

定　　价：58.00 元　　

前言

自2006年唐超兰教授与不来梅大学终身教授Juergen Friedrich在广东工业大学数字媒体技术专业首次开设交互设计课程以来，已近20年。当时，国内交互设计教材匮乏，仅有刘正捷教授翻译的《可用性工程》。我们以此为基础，结合大量英文资料，逐步构建了交互设计课程的教学体系。基于这一知识体系，我们培养了近千名交互设计相关从业人员，包括交互设计师、产品经理、数据分析师等。我们的学生遍布国内头部企业，如华为、腾讯、阿里、百度等。最令我们欣慰的是，学生在就业时常常反馈："老师，今天面试我的主管是我们的师兄师姐。"

20年来，我们从以本科教学为主，逐渐转向以培养研究生的科研为核心，聚焦于认知与交互领域的深入研究，并成立了认知与交互研究室。尽管如此，交互设计课程始终是我们团队的重要基础，是研究生的必修课程，并基于交互设计这门课展开更深入的研究。截至目前，我们针对交互设计的研究生教学和科研也已走过了11个年头。

遗憾的是，尽管多年来积累了丰富的教学资源，包括教学课件、科研论文和课程录制视频等，我们始终未能抽出时间将这些资源系统整理成书。如今，交互设计已成为软件工程、设计学及艺术学等多个学科的基础课程，市场上也有大量经典交互设计书籍可供选择，撰写本书的意义似乎已不再像过去那样迫切。然而，完成它的想法一直在我们的讨论和计划中，毕竟这是我们团队多年来形成的交互设计知识体系，也是每年培养研究生基础知识和科研能力的必修课。

2024年，认知与交互研究室的负责人唐超兰教授退休，我接任了"交互设计"这门课的教学工作。在整理课程材料的过程中，同时在中国高等教育学会2022年度高等教育科学研究规划课题（重大课题项目编号：22SY0105）的资助下，我们终于决定将这些教学资源系统化，撰写成书。本书基于课程与课时的安排，结合团队培养学生交互设计知识体系的需求，从实践视角出发，旨在帮助学生快速掌握交互设计的基础知识和科研视角。因此，本书命名为《交互设计实践》，强调实践教育的重要性，注重培养学生的交互设计实践能力。

本书基于广东工业大学艺术与设计学院认知与交互研究室的教学与研究积累，尤其是唐超兰教授的教学课程积累。本书由杨贤完成主要撰写工作，唐超兰指导了本书的撰写与审核工作。此外，王子欣、钟明锦、范弘量、林倬羽、安玲等团队的研究生协助了本书的撰写工作，并提供了本书的设计案例。

在唐超兰教授的带领下，我们团队不断取得进步。2024年，团队的几名研究生在老师的指导下，于交互设计领域发表了多篇中科院一区、二区的论文，并探索了多种适用于交互设计的定量研究方法，使团队在交互设计领域的研究更加完善和深入。由于篇幅限制以及考虑到本科生的学习需求，本书并未涵盖团队所有的交互设计实践与研究方法。感兴趣的学生可以在阅读本书的基础上，进一步查阅我们团队发表的科研论文进行深入学习。如果在阅读过程中遇到问题，欢迎随时联系我们。

本书既是对过去工作的总结，也寄托着我们对团队未来的期望！

杨贤

目录

第1章 交互设计绪论 1

1.1 交互设计概述 1

1.1.1 以用户为中心的设计理念 1

1.1.2 数智技术及其产品形态 3

1.2 交互设计范式 4

1.2.1 匹配型交互设计范式 5

1.2.2 对象型交互设计范式 5

1.2.3 主动式交互设计范式 6

1.3 交互设计的主要理论背景 7

1.3.1 认知心理学 8

1.3.2 消费者行为 11

1.3.3 人机交互 12

1.4 交互设计的应用领域 14

1.4.1 应用领域与职业路径 14

1.4.2 流程与方法 15

1.5 课程结构与学习目标 16

1.6 课后练习 19

第2章 需求探索与分析 21

2.1 定性分析方法 21

2.1.1 定性分析概述 21

2.1.2 定性分析的主要功能 22

2.1.3 定性分析的一般流程 22

2.2 头脑风暴与焦点小组 23

2.2.1 头脑风暴：探索与发现问题 23
2.2.2 焦点小组：定义与聚焦方向 25

2.3 产品市场调研 26
2.3.1 横向调研 26
2.3.2 纵向调研 27
2.3.3 调研总结 30

2.4 用户研究 31
2.4.1 用户研究方法 31
2.4.2 用户访谈 33
2.4.3 潮州嵌瓷体验App访谈提纲设计 34
2.4.4 访谈结果分析与总结 36

2.5 定性分析总结 38
2.5.1 定性总结：产品定位 38
2.5.2 第一次需求列表 40

2.6 课后练习 41

第3章 需求验证与用户画像建模 42

3.1 用户研究中的定量分析 42
3.1.1 定量分析概述 42
3.1.2 定量分析的主要功能 43
3.1.3 定量分析的一般流程 44

3.2 问卷题项设计 45
3.2.1 人口属性及其题项设计 46
3.2.2 用户使用产品属性及其题项设计 47
3.2.3 用户需求测量及其题项设计 48
3.2.4 嵌瓷体验App问卷题项设计 48

3.3 Kano模型与Better-Worse分析 49
3.3.1 Kano模型：理解需求的层次与满意度的关系 49

3.3.2 Kano模型的应用流程：从问卷到决策 51
3.3.3 Better-Worse系数分析：量化需求优先级 52

3.4 核心需求提炼与因子分析 54
3.4.1 因子分析的基本原理 54
3.4.2 因子分析的SPSS操作 55
3.4.3 因子分析的报告撰写 57

3.5 用户需求偏好与聚类分析 66
3.5.1 聚类分析的基本原理 66
3.5.2 聚类分析的SPSS操作 67
3.5.3 聚类分析的报告撰写 69

3.6 用户画像构建与回归分析 70
3.6.1 回归分析的基本原理 70
3.6.2 回归分析的SPSS操作 72
3.6.3 回归分析的报告撰写 76

3.7 定量分析总结 78
3.7.1 第二次需求列表 78
3.7.2 产品定位总结 80
3.7.3 商业模式总结 80

3.8 课后练习 81

第4章 设计实践 83

4.1 产品定位：战略层的核心锚点 83
4.1.1 企业目标 85
4.1.2 生态目标 86
4.1.3 用户目标 87

4.2 用户需求与产品功能 88
4.2.1 需求功能转换 89
4.2.2 从需求功能列表到信息架构 91

4.2.3 从信息架构到产品地图 92

4.3 用户任务 94

4.3.1 用户场景 96

4.3.2 用户旅程图 98

4.4 交互流程：用户任务的路径 101

4.4.1 线框图 103

4.4.2 页面跳转图 104

4.5 交互界面：用户任务的节点 105

4.5.1 首页设计 106

4.5.2 列表页设计 108

4.5.3 详情页设计 110

4.5.4 结算页设计 112

4.6 课后练习 114

第5章 测试与评估 115

5.1 可用性测试 115

5.1.1 测试环境与测试指标 116

5.1.2 被试招募 117

5.1.3 测试任务设计与材料准备 117

5.1.4 测试流程 118

5.1.5 测试结果分析与迭代设计 119

5.2 眼动实验 121

5.2.1 眼动实验设备及其指标 122

5.2.2 实验任务、材料及程序设计 123

5.2.3 被试招募与伦理审查 130

5.2.4 实验流程：Tobii Studio操作 132

5.2.5 数据分析与报告撰写 140

5.2.6 实验结论与设计启示 149

5.3 课后练习 151

第1章 交互设计绪论

1.1 交互设计概述

1.1.1 以用户为中心的设计理念

随着技术和社会的发展，用户所使用的工具、产品、系统与服务（以下统称产品）等日益趋向数字化与智能化，其复杂性也随之增加。用户在使用这些产品时，常会遭遇认知摩擦（cognitive friction）问题。认知摩擦是指人在与产品交互过程中，由于设计不合理或与用户认知习惯发生冲突而产生的思维阻力或心理不适感。它作用于人的认知层面，类似于物理摩擦，可能导致用户操作效率下降，产生困惑，甚至最终放弃使用。特别是在数智时代，产品内部的运作逻辑对于普通用户而言往往如同一个不透明的“黑盒”，远不如传统的工业产品（如机械装置）那样直观可理解。

为了解决认知摩擦带来的问题，以用户为中心的设计（user-centered design，UCD）理念应运而生。该理念源头可追溯至第二次世界大战时期，当时武器系统和复杂装备普遍存在维护困难、操作易失误等问题，迫切需要解决人机交互效率与安全的难题。随后，人因工效学（human factors/ergonomics）、人机交互（human-computer interaction，HCI）、人机界面（human-machine interface，HMI）、可用性工程（usability engineering）、交互设计（interaction design，IaD）以及用户体验设计（user experience design，UED）等与UCD理念紧密相关的学科和实践领域逐步发展起来。进入数字化时代后，可用性工程、交互设计和用户体验设计发展得尤为迅猛，标志着从“以技术为中心”向“以用户为中心”的设计范式的根本转变。

可用性工程是一种面向交互式IT产品的先进开发方法，其核心是UCD方法论，包含一整套工程过程、方法、工具和国际标准。它贯穿于产品生命周期的各个阶段，主要目标在于提升系统的可用性，即确保产品在特定使用环境下被特定用户用于特定用途时，具备有效性（effectiveness）、效率（efficiency）和用户主观满意度（satisfaction）。可用性工程强调产品设计需符合用户的认知模型。自动取款机（ATM）是一个非常经典的案例，用户即使是首次接触ATM，也通常能够顺利完成任务，原因就在于ATM的交互流程和信息组织高度契合用户的认知习惯，用户在未经专门学习的情况下，也能基于常识进行操作。因此，可用性工程的以用户为中心的设计更偏向强调整体信息架构与用户认知模型的匹配度。

交互设计聚焦于定义和设计产品的行为，它规划两个或多个互动个体（通常指用户和产品）之间交流的内容与结构，以引导其相互配合，共同达成目标。交互设计更专注于设计用户与产品之间直观、流畅的交互方式和过程，强调界面元素与交互反馈需符合用户的操作习惯。其设计对象已从传统上关注的产品外部属性和功能，转向以用户行为及其操作流程为中心，将人的行为视为核心设计对象。这与传统设计有着本质区别：传统设计侧重产品物理属性的合理配置、信息组织架构的优化以及符合大脑认知模型的信息呈现，而交互设计则是以用户为中心、以目标（即任务及其行为）为导向的设计。交互设计深入分析行为属性间的关联性与因果关系，并优化具体任务流程的合理性与用户在操作中的体验。因此，在实现目标的任务流程体验上，相比传统设计对产品固有属性的偏重，关注交互行为的交互设计能带来更自然、高效的用户体验。

用户体验设计在关注交互流畅性和目标达成效率的基础上，进一步强调用户在整个产品使用过程中的整体感受。这种感受涉及情感、文化以及社会认同等多维度的体验。用户体验设计的流行，一方面源于现代技术产品在可用性和技术成熟度上的显著提升，基本的功能性和可用性问题已大幅减少；另一方面，产品日益同质化，导致竞争焦点从单纯满足功能需求转向了满足用户在体验过程中的更深层期望。用户不再仅仅关心产品能否解决问题，而是更加关注在使用产品和服务过程中的整体体验品质。

本质上，可用性工程、交互设计和用户体验设计的核心理念一脉相承，都植根于“以用户为中心的设计理念”。它们是该理念在不同技术发展背景和社会需求驱动下催生的具体实践偏向。技术的发展持续拓展着产品的表达方式，也驱动着用户交互方式和体验诉求的持续演进。有趣的是，这三者的发展恰好呼应了可用性工程所追求的三个核心目标：有效性、效率和主观满意度。具体而言，可用性工程更专注于信息组织架构的有效性；交互设计因聚焦任务流程与行为设计，更关注用户执行任务的效率，体现了强烈的目标导向性；用户体验设计则更关注用户在使用中的整体感受，其核心在于提升用户的主观满意度。随着用户体验的重要性日益凸显，产品与服务的关系愈发紧密。“软件+硬件+服务”的一体化趋势、产品生态系统的构建，都使产品形态日益复杂。用户在使用产品的同时，相关服务也在后台持续更新，用户与产品服务提供商的联系不断深化，双方形成深度绑定关系。

当前，交互设计与用户体验设计已成为设计领域的核心概念。尽管用户体验设计近年来备受关注，但交互设计作为其核心基石与实现手段，始终保持着独特的价值和重要性。交互设计的概念植根于人机交互领域并深受其影响，这使得它在理解用户与产品之间的微观交互机制、探索设计原则和方法论时，具有更强的系统性和理论深度。因此，在设计学科和应用研究中，交互设计不仅是用户体验设计的基础构成要素，更以其聚焦交互行为本身的独特视角和理论框架，为深入理解、评估和优化用户与产品的相互关系提供了强有力的支撑理论，这也是本书使用交互设计而不是用户体验设计的主要原因。

1.1.2　数智技术及其产品形态

随着科技与社会的持续发展，产品形态与交互方式也在不断进化，用户的交互行为和期望也随之改变。交互设计是一门对技术发展高度敏感的学科，因为其核心使命就在于设计人类用以改造世界所依赖的工具及其交互方式。例如，伴随计算机技术和人工智能（artificial intelligence，AI）的飞速发展，传统的命令行界面和图形用户界面（graphical user interface，GUI）正逐步向更自然的界面演变。AI辅助系统（AI-assisted system，AIAS）正是这一趋势下的典型产物。这意味着交互设计师需要掌握如AIAS这类新兴交互产品的设计能力，确保在技术属性发生革新时，这些产品依然能符合用户的行为习惯和认知模型。

在传统的人机交互模式中，用户主要通过输入命令或点击GUI的按钮、菜单等控件与产品进行互动。相较于传统产品，AIAS是一个具备一定智能和主动性的协作伙伴，用户得以与AIAS进行更智能、更自由（支持口语化的模糊命令）、更主动（主动感知、提醒与建议）、更感性（拟人化）的主动式、对话式交互。AIAS的出现代表了人机交互领域的一次重大演进，交互模式逐渐从传统的人操作机器向人与智能系统间的对话、协作与共同创造转变，它显著拉近了用户与智能产品的距离。用户在交互中的角色正从绝对控制者转变为与智能系统的协同参与者。现有回合制般的人机交互方式，在支持这种新型人机关系时显现出局限性。交互设计不能仅局限于识别和满足显性的用户需求，更需要从用户面临的实际问题和潜在挑战中汲取设计灵感，主动创造交互的情境和契机，引导用户深度参与，以达成更高效率和更好体验的人机协同交互。

数智技术的发展为交互设计带来了新一轮的发展机遇，交互设计天然关注新兴产品形态与交互方式的特性，所以相较于其他设计领域，AI（特别是生成式AI与智能代理）的发展将为交互设计带来更广阔的发展空间。AIAS作为能够（或潜力上能够）感知、理解并适应用户状态（情感、意图、情境）的智能系统，其不断增强的感知分析能力为提供高度个性化、智能化的服务奠定了基础，从而显著提升了用户的体验满意度和决策支持能力。这些技术发展的新特征共同塑造了当前人机交互的研究与发展方向。究其根本，人机交互领域的研究目标始终是为构建以人为本的系统提供方法论支持，以推动产品即交互的持续优化，最终提升用户完成任务的质量和使用过程的整体体验。

1.2 交互设计范式

随着AI技术支持的相关产品（如AIAS、AI agent）越来越多，人机交互正面临新的机遇与挑战。AIAS能够通过持续收集和分析用户行为数据与情境信息，感知用户意图，理解人类状态和所处环境，进行精准预测和预判，在用户下达明确指令前就能主动提供相关选项或决策建议。这种变革意味着交互行为的发起者不再局限于用户，AIAS也具备主动发起交互的能力。人机交互模式从“用户输入—系统响应”的机械回合模式，转向更加自然、流畅的人机对话、实时协同与交互。基于此，本书提出了交互设计范式的三个发展阶段，将传统的交互设计归纳为匹配型交互设计范式（matching paradigm）、对象型交互设计范式（object-oriented paradigm）以及新兴的主动式交互设计范式（proactive interaction design paradigm）。

1.2.1 匹配型交互设计范式

在计算机系统诞生初期，人机交互中缺少对人的因素的考虑，通常需要用户具备专业编程或命令行操作技能才能有效使用计算机。该阶段的用户主体多为专家型用户（如程序员、系统操作员），他们必须准确记忆、理解并严格遵守系统预先定义好的命令集及其语法规则（如特定格式的命令行指令），才能实现与系统的交互。例如，磁盘操作系统（disk operating system，DOS）的命令行界面、Unix/Linux操作系统中的Shell环境（如Bash）等，都是这一阶段的典型代表。本书将这一时期主导的人机交互设计范式称为匹配型交互设计范式，其核心特征在于系统响应完全依赖于用户输入的指令字符串与系统预设的命令字符串之间精确无误的匹配。在这种范式下，交互的学习曲线陡峭，用户记忆负担沉重，要求用户具备较高的专业技能和对系统的精确控制能力。

当时的信息系统通常功能单一，主要处理批量化、结构化的特定任务，如数据批处理、工资计算、库存管理记录等。其交互机制极为直接：仅当用户输入的内容（准确的大小写、空格、标点等细节控制）与系统预设的某条命令完全一致时，系统才执行动作并输出相应结果；否则，系统通常不做任何响应或仅返回一条冰冷的报错信息，如command not found。这种交互模式极度强化了用户在交互流程中的主导和控制地位，计算机系统处于被动的、从属的响应者角色。用户是任务的绝对发起者和控制者，计算机则是一个等待精确指令的执行者。虽然这些系统在某些方面带来了自动化便利，但也普遍存在操作复杂、效率低下、错误率高、高度依赖专业人力的缺点，极大地影响了最终的任务执行质量。

1.2.2 对象型交互设计范式

随着UCD理念的兴起，降低系统学习门槛、提升用户接受度的需求，强烈驱动了人机交互方式的变革。1973年，施乐公司帕洛阿尔托研究中心研发了搭载GUI的Alto计算机系统，开启了GUI时代。随后，图形界面技术持续发展并得到广泛应用，涌现出如苹果Macintosh、微软Windows等经典信息系统。本书将这一阶段的主流设计范式称为对象型交互设计范式，其核心特征是运用图形界面技术，在屏幕上创建具有隐喻性的视觉元素（如窗口、图标、菜单、按钮等），这些元素代表了用户可直接操控的功能或数据对象。用户通过点击、拖拽、滚动等直观动作与对象交互，无须记忆抽象命令。这种方式显著提升了交互的直观性和可用性，不仅大大降低了用户的学习成本，也极大地提高了普通用户对产品的接受度。

对象型交互设计在后期（特别是互联网普及后）被广泛应用于众多日常消费电子产品及其应用软件中，并催生了许多优秀的用户体验设计实例。如今，从普通成年用户到老人、儿童等群体，都能自然地使用电脑、智能手机和各种应用软件。可以说，对象型交互设计范式的确立，极大地推动了个人计算机、互联网以及消费电子产品的全民普及。

此外，对象型交互设计范式在多种计算终端和交互模态上也得到了广泛应用与发展：①**个人计算机（PC）端**，成熟的GUI提供了高效且直观的交互方式；②**移动终端（智能手机/平板电脑）**，触摸交互逐渐成为主导操作方式，带来了更直接、自由的物理操作体验；③**增强现实/虚拟现实（AR/VR）环境**，利用手势识别等自然用户界面技术实现沉浸式交互；④**语音交互**，作为一种更接近人类自然沟通方式的输入方式，已被广泛应用于智能家居、车载系统等场景。

这些应用实例都体现了对象型交互设计范式的核心精髓，为用户提供清晰可见、可直接操作的对象（功能隐喻体），从而极大地提升了交互的可发现性、操作自由度与系统的可访问性。该范式有效平衡了用户与计算机系统在交互过程中的地位和主动性，使交互行为更加符合人的自然认知和行为习惯。

1.2.3 主动式交互设计范式

随着人工智能，特别是近年来大语言模型（large language model，LLM）、计算机视觉和多模态感知技术的突破性发展，计算机系统正在向智能化程度更高的AIAS演进。这些系统具备预测、推理和情境理解能力，能够主动向用户提供与当下情境高度相关且符合用户潜在期望的建议、选项甚至执行方案。AIAS展现出接近乃至在某些特定方面可能超越人类的感知、理解和预测潜力。AIAS不再仅是响应用户的指令，而是能够基于对情境和用户意图的理解，主动、适恰地提供信息、建议或服务。AIAS模糊了传统人机交互中严格的主被动界限，其预判能力显著降低了用户的操作门槛，如减少搜索、手动筛选、复杂命令构建等负担。本书将这种更具智能性、理解性、预见性和协作感的人机交互设计范式定义为主动式交互设计范式，它代表了当前人机交互发展的前沿方向，为探索未来人机协作模式提供了重要的启示和框架。

特别需要指出的是，AIAS具备更强的容错能力和理解模糊输入的能力，如自然语言指令，为用户提供了更接近人类交流方式的自由表达空间，降低了对输入精准度的苛刻要求。用户只需给出简单的提示或描述性指令，系统即可在处理海量复杂信息后，筛选并呈现最相关的内容或选项。这种准确、及时、情境恰当的人机交互减少了用户犯错的机会，显著提升了用户体验的安全感和流畅感。

更值得关注的是，AIAS不仅提供实用的功能辅助，还被逐步赋予拟人化的特质和情感价值。AI agent的出现，标志着AIAS具备了任务导向、情感支持甚至社交模拟等多重特征。这些智能体不仅是信息处理的中介和服务提供者，其拟人化特性也在一定程度上激发了用户与其进行类社交交互的心理期望。设计能与用户建立起信任感、连接情感并主动引导协作的智能伙伴，而非冷冰冰的工具，已成为主动式交互设计范式面临的全新机遇与挑战。

1.3 交互设计的主要理论背景

交互设计的核心理念是以用户为中心，涉及微观的认知与情绪加工、宏观的行为与态度分析以及计算机互动技术与界面设计等研究：①**微观的认知与情绪**，主要涉及认知心理学，涵盖视觉注意、记忆机制及情绪加工等内容；②**宏观的行为与态度**，主要涉及消费者行为学，关注用户满意度、行为模式及决策过程等内容；③**计算机互动技术与界面设计**，聚焦于与交互设计发展交汇的交互技术领域，为新型交互方式的实现提供技术支持。

1.3.1 认知心理学

用户认知深刻影响其行为，因此，深入理解用户认知有助于更客观地研究用户行为模式。随着认知心理学的发展，眼动仪、脑电仪、生理多导仪等能够采集认知与生理数据的心理学仪器被广泛应用，使得对隐性认知的深入研究成为可能。为确保用户能够高效、舒适地达成目标，产品在兼顾物理操作性的同时，其信息架构与行为逻辑也应贴合用户的认知过程。基于此，设计师逐渐从关注外在的行为研究转向更加内在和客观的认知机制研究。人类活动本质上是大脑进行认知加工的结果，因此，交互设计需根植于认知心理学。高效的行为引导与流畅的情感体验，往往源于对无意识认知机制的深入理解与巧妙运用，从而实现自然、高效、无负担的交互。

认知心理学为交互设计师提供了关键洞察，揭示了用户如何加工信息、构建记忆和分配注意力。这些理论为设计决策提供科学依据，指导设计师优化界面与交互流程，从而打造更精准、引人入胜的用户体验。作为基础理论，认知心理学帮助设计师理解心智运作规律，进而塑造更符合直觉的交互体验。具体而言，掌握认知心理学知识使设计师能够更准确地预测用户在特定界面下的行为模式，设计出更易于理解、学习和记忆的交互系统，创造更易引发积极情绪反应的使用体验。

其中，视觉注意、识别与记忆、情绪体验是认知心理学与交互设计结合最为紧密的关键研究领域。另外，认知负荷理论也常被用来指导与评估产品的设计。

（1）视觉注意 视觉注意是认知心理学与交互设计中的重要概念，关乎用户如何在复杂视觉环境中筛选、聚焦并处理信息。它是影响界面直观性与效率的关键因素，直接关系到用户能否高效且愉悦地完成任务。由于视觉注意能够被眼动仪的眼动指标精确解释，因此，视觉注意及其眼动指标往往被用于用户任务内在的、客观的认知机制研究。

① 机制类型。

自下向上注意（bottom-up attention）：由产品设计元素的刺激（如鲜艳颜色、高对比度、动态效果）引起的注意捕获，它不依赖用户主观意识的参与，是达成无意识设计的关键因素。例如，页面中的红色“立即购买”按钮、人群中挥手的人、突然的雷声等。人类通常会在这些外在刺激造成的注意捕获后的几百毫秒才开始进行有意识的认知加工，先分析这些外在的刺激是否与任务相关，还是仅仅是广告的干扰，然后再决定是否分配更多的注意资源。

自上向下注意（top-down attention）：由用户当前目标和任务驱动，使其主动搜寻相关信息。例如，用户带着“搜索商品”的任务主动在页面上寻找搜索框。当用户自上向下的任务驱动与自下向上设计元素的刺激高度一致时，可达到最高效的人机交互效果，应急类与急救类产品尤其需要达成这一目标。

② 设计策略。

对比与强调：通过颜色、大小、形状等视觉属性差异突出关键信息元素（如高亮重要按钮、关键状态提示）。

建立清晰的视觉层次：运用布局（如分组、对齐）、间距、尺寸大小等建立信息层级，引导视觉流（如大标题→小标题→正文、卡片布局）。

审慎运用动态效果：适度使用动画吸引注意并提示状态，如新消息提示气泡、加载动画等，但要避免过多动态效果干扰用户注意力。

用户引导：通过新手引导、提示信息、教学文档等帮助用户掌握界面视觉布局和操作要点。

③ 体验影响。

有效的视觉注意设计能够显著减少用户信息搜索时间，提高任务完成效率；增强界面的可理解性和用户对关键信息的记忆度；在适当时机引发积极情感反应，提升用户黏性。

（2）识别与记忆 识别（快速确认）和记忆（存储与提取）是人类认知过程的核心环节，直接影响用户在数字界面中的操作流畅度和满意度。

① 识别原理与挑战。识别的核心是区分所需信息，其主要挑战源于语义不明（如图标所表达的语义不清晰）、信息过载（如众多功能相似的图标）和相似性干扰。解决方案包括使用清晰标识，保持一致性设计，提供充足的上下文提示，如在图标旁加文字标签。

② 记忆类型与策略。记忆类型包括短期记忆和长期记忆。短期记忆主要处理临时任务信息，如表单填写、多步流程，在设计策略上，可以采用即时反馈（如告知用户操作是否成功）、任务简化（如分步引导、设置默认值）、避免用户记忆过多临时信息等策略。长期记忆主要负责存储常用信息，如用户名、习惯等，在设计策略上，可以采用一致性设计、记忆辅助等策略，如自动填充、历史记录。

③ 体验影响。高效的识别与记忆设计能加快任务完成进度，减少错误和挫败感，提升用户掌控感和满意度；反之，识别困难或需要记忆过多信息的系统会导致用户困惑、操作中断甚至放弃使用。需要注意的是，在车机系统等安全性至关重要的设计中，缺少上下文提示的陌生图标会让用户产生恐惧感，应避免这种情况。可以通过鼠标悬停工具进行提示（鼠标交互），或通过触摸小问号弹出提示框（触摸交互）来解决。

（3）情绪体验　认知加工过程通常伴随相应的情绪反应，这些情绪因素对设计至关重要。积极的情感体验是提升用户黏性、满意度与品牌忠诚度的核心，它决定了产品与用户之间情感联结的深度。因此，优秀的交互设计需注重唤起用户情感，塑造积极流畅的体验感受。

① 情绪类型与影响。积极情绪（如愉悦、满足、成就感）能显著增强用户对产品的喜爱度与忠诚度，消极情绪（如沮丧、焦虑、挫败感）则易导致用户排斥、消极评价甚至弃用。设计的核心目标是激发积极情绪，规避触发负面情绪的因素（如烦琐步骤、频繁错误、缺乏控制感、视觉混乱）。

② 设计策略。

个性化：根据用户偏好定制内容和界面，如主题切换、内容推荐等。

情感化设计元素：通过色彩、形态、质感、音效与趣味性微交互营造轻松愉悦的体验氛围与惊喜感。

叙事融入：借助场景故事或品牌叙事建立情感共鸣，如故事化新手引导、情感化文案等。

融入社交互动：引入用户之间的交流与分享机制，如评论、点赞、分享至社交媒体和构建用户社区。

③ 体验影响。积极情绪体验能够显著提高用户满意度和忠诚度，并促进推荐行为；反之，持续的负面情绪易损害品牌形象，影响用户留存。情绪测量既可通过脑电仪、生理多导仪、眼动仪等设备实现，也可借助标准化量表（如PAD、SAM、PrEmo量表）进行宏观评估。此外，还可运用计算机技术（如面部表情识别、肢体行为分析、自然语言处理、语音情感分析）进行识别与量化。

1.3.2 消费者行为

消费者行为的概念源于管理学，后被引入交互设计领域，通常与用户行为的概念相通。在交互设计中，消费的含义不仅指购买实体商品，还包括阅读文本、观看视频、使用服务等广义的信息与功能消耗。随着互联网内容生产模式从PGC（专业生产内容）发展到UGC（用户生产内容），用户已同时承担内容生产者与消费者的双重角色。近年来，AIGC（人工智能生成内容）逐渐普及，人机共创行为成为研究新热点，用户行为的研究范畴也随之进一步扩展。

引入消费者行为理论，核心目的在于借鉴其成熟的定量研究范式与方法论，其中包括计划行为理论（theory of planned behavior，TPB）、技术接受模型（technology acceptance model，TAM）及其依托的结构方程模型等研究方法。这些方法不仅适用于分析传统的消费者决策与购买体验，也为电商平台、移动应用等交互式产品的用户体验设计与评估提供了坚实的理论框架和量化工具。例如，通过优化交互式产品展示，可吸引用户探索、加深产品认知并促进购买转化。TPB和TAM所关注的行为态度、意愿等核心要素，在当前互联网内容的交互设计中依然具有重要价值，只是研究边界有所拓宽。研究者通过拓展传统消费者的研究理论与方法，使其更好地服务于交互设计领域的实证研究与实践应用。

（1）计划行为理论 TPB源于社会心理学，用于解释个体行为动机。该理论认为行为意向（决定实际行为）受以下三个因素影响。

① 态度：指用户对执行某一行为的主观评价。设计应用包括优化UI视觉表现、直观呈现产品信息、突出正面评价，如置顶用户高分评论。

② 主观规范：指用户感知到的社会压力或他人期望，如来自朋友、意见领袖的影响。设计应用可体现为社交分享功能、用户评价展示、个性化推荐，如提示好友也在买。

③ 感知行为控制：即用户对自己能否顺利执行该行为的信心，涉及操作流程难度、安全性感知等因素。设计应用包括流程简化、安全信任建立、明确政策，如显示支付认证标识，政策透明化，清晰说明退货规则。

（2）技术接受模型 TAM是信息系统领域的重要理论模型，用于预测和解释用户对新技术的接受程度。该模型主要包括以下两个核心变量。

① 感知有用性：用户认为技术能提升其工作或生活效率的程度。设计应注重功能与用户需求匹配，提供实际价值。

② 感知易用性：用户认为技术易于学习和使用的程度。设计需关注流程简化、布局优化、高效检索、清晰导航与及时反馈，如购物车路径明确、输入实时验证。

（3）理论整合与应用拓展 TPB侧重于从用户内在态度、主观规范等心理内驱力角度研究消费决策行为，强调态度塑造与满意度形成；TAM则更关注产品与技术特性（如感知有用性与易用性）对用户采纳意愿的影响。上述理论不仅适用于传统消费领域，也广泛应用于更广义的交互设计实践。例如，我们曾开展一项针对中高龄低学历人群（middle-aged，elderly and low-educated population，MELEP）的职业培训项目，针对该群体存在的认知能力限制和学习动机不足等挑战，项目摒弃了传统的图文或讲座式培训，基于TPB与TAM模型设计了一套娱乐化学习方法，将知识点转化为抖音风格的短视频内容，这一设计显著降低了学习者的认知负荷，提升了知识吸收效率与参与意愿。项目结果验证了理论模型的有效性：①行为态度对行为意愿存在显著影响；②主观规范通过感知易用性和感知有用性间接影响行为意愿；③感知有用性不仅直接促进行为意愿，还通过行为态度产生间接影响。该实践不仅有效提升了MELEP的培训意愿，也为面向类似群体的无障碍学习应用提供了重要的设计参考。

随着技术与社会发展日益复杂，在TPB、TAM等经典理论基础上，学者进一步提出了技术接受与使用统一理论（unified theory of acceptance and use of technology，UTAUT）。该理论整合了多个模型的核心要素，形成更全面的分析框架，尤其关注绩效期望、努力期望、社会影响和便利条件等核心变量，并强调不同用户群体及使用场景下的调节作用。交互设计师应深入理解上述理论框架，并将其核心洞察融入设计实践，用于指导和评估产品体验。例如，在设计AIAS时，可依据UTAUT模型系统评估其是否有效提升了用户的绩效期望（即功能价值）、降低了努力期望（即操作易用性）、充分利用了社会影响（如社交认同）与便利条件（如减少使用障碍）。通过这样持续的理论引导与设计优化，企业才能在激烈的市场竞争中建立显著优势，赢得用户的长期忠诚。

1.3.3 人机交互

交互设计主要关注的是如何使产品界面及其交互元素易于用户使用，而交互技术则致力于确保产品能够准确识别并执行用户的指令。随着技术的持续进步，交互技术在命令识别与执行方面越发精准，所能支持的交互形式也日益贴近用户所期望的自然、高效、低认知负荷的交互方式。因此，交互设计师需保持对科技发展与新型产品的高度敏感，以更好地定义和设计符合用户认知与行为习惯的交互方式。

自1946年ENIAC诞生以来，计算机技术的迭代不断推动产品交互方式的革命性变革。交互形态从最初的物理按键、旋钮操作，演进至GUI与触控交互，并进一步发展为多模态交互（如语音、手势、眼动），乃至当前处于探索阶段的脑机接口等前沿方向。在这一进程中，交互设计始终与科技发展同步，不断追求更自然、流畅、高效的交互模式。如今，多通道交互技术、脑机接口、移动计算、可穿戴设备、通信与传感技术、普适计算、物联网及相关协议的蓬勃发展，为交互设计提供了丰富的技术实现基础与创新可能性。这些技术的融合与应用，显著拓展了交互设计的表达维度，并全面提升了用户体验的层次与质量。

智能化技术正在驱动传统产品形态与市场格局发生深刻变革。人工智能、大数据、物联网等技术的广泛应用，为传统行业的转型升级与“弯道超车”提供了全新机遇。以智能汽车为例，其发展不仅动摇了传统燃油汽车的市场地位，更引领了整个交通出行领域的变革。智能汽车集智能化（自动驾驶辅助、智能座舱）、网联化（车联网/V2X）和电动化（新能源）于一体，为用户提供更便捷、安全、舒适的出行体验。从自动驾驶系统到车载信息娱乐系统，从智能导航到远程状态监控，每一项功能都高度依赖先进的计算机技术，推动汽车从单纯的代步工具逐渐演变为多功能融合的移动智能空间。

同样，智能手表的兴起也对传统钟表市场构成了显著冲击。智能手表整合了健康监测（如心率、血氧、睡眠分析）、信息提醒、移动支付、音乐控制等多样化功能，其实现依赖于传感器技术、低功耗处理器、无线通信和人机交互技术的多项突破。此类案例仅是当前智能化浪潮的一个缩影，越来越多的传统产品（如家电、家居设备、医疗仪器）正融入智能化元素，实现从“被动响应”向“主动服务”的转变。这一切的背后，离不开信息技术的持续演进，尤其是计算机科学与相关工程技术的支撑。

尤其值得关注的是，生成式AI正在推动AIAS、AI Agent等新型产品的涌现，显著改变了现有的交互范式，主动式交互、自然交互等特征日益突出。可以说，计算机科学及相关人机交互技术的进步是交互设计演进的根本驱动力，而交互设计的需求与创新构想也反过来推动相关技术的优化与落地。二者相互促进，共同推动数字化产品与服务的持续发展。未来，随着技术的不断突破，交互设计将继续发挥关键作用，为用户创造更加智能化、便捷化与人性化的生活体验。

1.4 交互设计的应用领域

1.4.1 应用领域与职业路径

交互设计作为典型的交叉学科，要求从业者不仅需要理解与分析用户需求，向工程师清晰传达产品的设计逻辑，还需要向管理者阐释产品的市场机会与战略价值等。交互设计具备很强的实践性，几乎每一款产品都需要至少有一位产品经理，银行手机App需要，智能马桶App也需要，这体现出了该岗位的广泛性与重要性。因此，各行各业均需要交互设计专业人才的参与，但不同企业对这一职能的设置有所不同：部分企业设有交互设计师专职岗位，另一些企业则由产品经理承担相应职责。本书主要面向本科生与研究生，以产品经理和交互设计师为核心，规划两条主要职业路径，并可根据个人知识与技能特点进一步拓展多元发展方向。

（1）产品经理 作为数字产品（如App、Web平台、软件系统）开发过程中的核心角色，产品经理在初创公司或大型科技企业中负责市场定位、用户需求洞察与优先级排序、功能规划、跨团队（研发、设计、市场、运营）协调以及产品全生命周期管理。在数字化转型不断深入的背景下，市场对产品经理的需求持续旺盛，为具备交互设计背景的毕业生提供了广阔的就业空间。交互设计知识使产品经理能够更深入地理解用户，更精准地定义需求与设计，并科学评估用户体验质量。

（2）交互设计师/用户体验设计师 该岗位专注于用户与产品之间的交互逻辑（流程与行为设计）及界面设计（结构、布局与反馈机制），核心任务是将用户需求与业务目标转化为直观、高效且愉悦的交互界面解决方案，主要产出物包括线框图、流程图和交互原型，是塑造产品交互体验的关键角色。

（3）其他职业方向 除上述核心岗位外，交互设计专业毕业生还可结合自身兴趣与专长向以下相关职业方向拓展：①**用户体验研究员**，擅长运用定性和定量用户研究方法（如访谈、问卷调查、可用性测试），深入挖掘用户需求、行为模式与痛点，为设计决策提供依据，交互设计背景为该岗位奠定了扎实的用户理解及研究方法基础；②**可用性测试工程师**，专注于测试方案的设计与实施，在软件、游戏、网站等领域通过用户测试、启发式评估、A/B测试等方法系统评估产品的可用性与用户体验水平，识别问题并提出改进建议；③**项目经理**，交互设计训练所培养的需求分析、逻辑思维、沟通协调、时间管理与风险控制能力，使其能够胜任跨职能团队的流程管理与项目目标推进工作；④**游戏策划**，对用户体验要素（如挑战性、奖励机制、流畅度、易学性与情感体验）的深刻把握，有助于设计出兼具趣味性与良好可用性的游戏机制与界面，交互设计知识在游戏UI/UX设计中发挥着关键作用。

综上所述，交互设计专业融用户研究、设计思维、技术理解及实践技能于一体，不仅为产品经理和交互设计师等核心岗位奠定坚实基础，其培养的研究、分析、设计、沟通与协作等综合能力体系也为用户体验研究员、可用性测试工程师、项目经理、游戏策划等多元化职业路径提供了广阔的发展前景。

1.4.2 流程与方法

交互设计的流程与方法因企业和项目而异，但其核心环节通常具备共性。本书将其概括为四个主要阶段，并在各个阶段提出交互设计实践相关方法。在实际工作中，交互设计师可能只专注于其中一个或多个阶段。

（1）需求探索与分析 该阶段以定性研究方法为主，目标是广泛发掘与产品相关的潜在用户需求、痛点或期望，可视为“做加法”。常用方法包括头脑风暴、焦点小组、市场与竞争性分析以及用户访谈等。

（2）需求验证与用户画像建模 该阶段以定量研究方法为主，评估和筛选前期所收集的需求，量化其重要性、普遍性与真实性，识别核心需求并过滤弱需求和伪需求，可视为“做减法”。在明确用户核心需求的基础上，可进一步基于用户需求偏好进行用户画像建模，构建目标用户画像。常用方法包括因子分析、聚类分析、回归分析等统计分析方法。

（3）设计实践 本书基于前两个阶段的数据，借鉴Garrett《用户体验要素》中的战略层、范围层、结构层、框架层、表现层的逻辑，提出“首页→列表页→详情页→结算页”的设计逻辑，针对数字化、智能化产品进行具体的交互流程设计（线框图、流程图）和界面设计（视觉稿、高保真原型）。

（4）测试与评估 该阶段通过实验验证设计方案的有效性与用户体验质量。常用方法包括可用性测试、启发式评估、认知实验等。本书在最后一章以可用性测试与眼动实验为例，详细介绍了当前主流的测试与评估实例。

上述每个阶段都对应一系列适用方法。这四个阶段既代表了交互设计的标准流程（图1-1），也构成了本书的主体章节结构（第2章至第5章）。本书强调方法只是工具，关键在于明确各阶段的核心问题和逻辑思维，再选择相匹配的方法（工具）予以解决，切忌用工具去找问题。

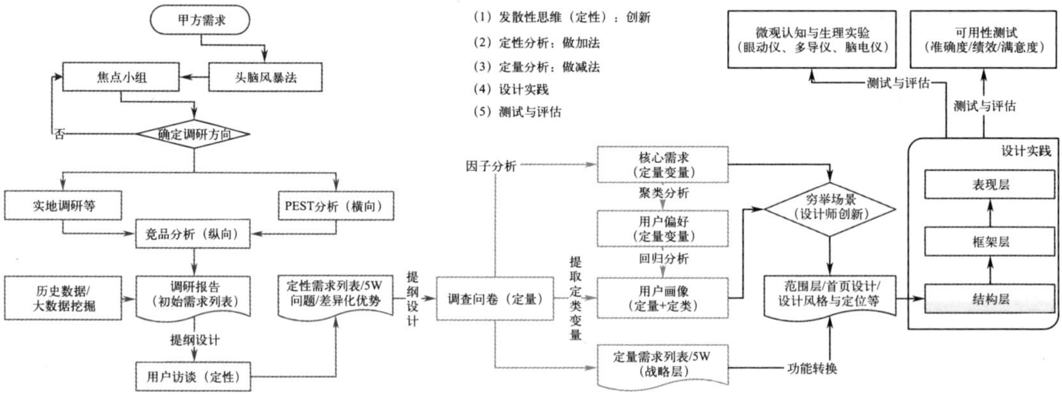

图1-1 交互设计流程

1.5 课程结构与学习目标

本书共分为五个主要部分（对应课程的核心教学模块），课程共32学时（表1-1），教师可以根据自身实际情况进行课时的增减。

第1章 交互设计绪论（4学时）：介绍交互设计的基本概念、发展历程、理论基础、应用领域及课程概况。

第2章 需求探索与分析（4学时）：聚焦定性研究方法，学习如何全面挖掘用户需求。

表1-1 《交互设计实践》教学计划

周	授课内容	授课内容简介	学生任务安排
1	交互设计绪论	① 交互设计发展范式：DOS+图形+主动式（AI） ② 交互设计相关学科：用户研究+交互+研发 ③ 交互设计学习策略：反复+交流+未来思维	① 课程安排介绍与结课作业要求：作品+答辩 ② 课后组队并报给学委：参考UXDA，4～6人
2	用户研究之定性分析	头脑风暴、调研、访谈、焦点小组、扎根编码、文献	熟悉并掌握文献工具
3	用户研究之定量分析	问卷、PAD量表、TPB及其相关统计学分析方法	掌握SPSS进行基础的数据分析，包括因子分析、聚类分析、回归分析等
4	学生中期汇报	① 选题、设计问题的定性推导 ② 问卷题项设计与小样本数据分析	①PPT选题汇报：5W、产品定位、差异化等 ② 问卷题项设计（可选）
5	设计实践1	用户体验五要素的战略层、范围层	上课之前阅读完Garrett的《用户体验要素》
6	设计实践2	用户体验五要素的结构层、框架层、表现层，重点掌握“首页→列表页→详情页→结算页”的设计逻辑	—
7	测试与评估	设计问题/假设与实验设计（微观定量研究）	—
8	学生结课汇报	作品汇报（PPT+demo），参考UXDA比赛答辩	课后交设计报告（电子版+纸质版）

第3章　需求验证与用户画像建模（4学时）：学习定量研究方法，掌握如何验证需求、建立用户模型。

第4章　设计实践（8学时）：具体的交互设计实践，包括交互流程设计、交互界面设计。

第5章　测试与评估（4学时）：学习如何测试设计方案的有效性与用户体验质量。

另外，安排两次学生汇报课（8学时）。交互设计相关职业（如产品经理、交互设计师）的核心能力之一是高效沟通，学生需要频繁地与用户（研究阶段）、团队成员、工程师、项目经理、业务方乃至管理层沟通设计理念、逻辑与价值。因此，本课程的考核不仅注重最终团队作品的质量（设计demo及设计报告），更强调学生通过两次正式汇报清晰阐述其选题背景、设计问题、研究过程、决策依据和最终方案的逻辑能力。

第一次汇报（中期汇报）：安排在“第3章 需求验证与用户画像建模”之后。学生小组需汇报选题背景、问题定义、定性推导过程（如用户画像、使用场景）、初步设计方案思路，问卷提纲和小样本数据。教师则通过听取汇报，给每个小组的方案提供反馈与改进建议。

第二次汇报（结课答辩）：安排在课程结束时。学生小组需完整展示设计成果（PPT讲解设计流程+高保真交互原型），提交完整的设计报告（电子版+纸质版）。目标是对整个设计过程与实践能力进行全面考核，可参考UxDA等交互设计竞赛的标准。

交互设计这门课程的教学目标主要有以下5个。

教学目标1：理解并掌握核心理念与框架。深刻理解“以用户为中心”的理念；掌握交互设计流程的主要阶段（需求探索与分析、需求验证与用户画像建模、设计实践、测试与评估）；熟悉用户体验五要素，重点掌握“首页→列表页→详情页→结算页”的设计逻辑。

教学目标2：能够根据问题选择合适的定性研究方法（如访谈、观察、头脑风暴），有效挖掘潜在用户需求；能够运用定量研究方法（如问卷调查）验证需求，识别核心诉求并建立用户模型；能够将用户研究和需求分析结果有效转化为明确的设计要点和设计方向。

教学目标3：能够依据前期的需求洞察和设计要点，进行具体的交互流程设计和界面设计；能够选择合适的工具（如线框图工具Axure、Figma、Sketch）表达设计概念，并产出细致、可行且符合UCD原则的设计方案（原型及说明）。

教学目标4：问题解决与综合能力。培养发现问题、分析问题、系统化解决问题的思维逻辑与能力；培养运用设计语言、原型工具及相关技术清晰阐述设计概念与价值的能力；培养团队协作精神，提升在团队项目中的沟通、协调与执行能力。

教学目标5：引导学生养成关注交互设计行业动态（新品发布、技术趋势与产品动态）、设计前沿（设计风格、设计理念）、用户趋势（用户研究报告）的习惯（通过资讯网站、专业公众号、行业报告、学术会议等）；提升学生将自身产品设计思考与业界前沿发展和社会需求相结合的意识和能力。

1.6 课后练习

本次课后主要任务：完成小组组队与初步分工，为选题启动做准备。

（1）设计小组的组建 以4～6名学生为一个小组，选举一名学生担任小组长。小组长负责协调组内成员的工作，确保任务按时完成，并作为团队与教师沟通的桥梁。

（2）分工角色 至少分配2名同学负责调研与用户研究：他们需要通过多种渠道（如用户访谈、问卷调查、文献查阅、网络社区分析等）收集、整理、分析用户数据，识别需求、痛点和机会点，并最终形成清晰的用户画像和用户旅程图，为后续设计提供坚实依据。至少分配1名同学承担核心交互设计与视觉设计职责：该同学将基于用户研究结果和产品目标，负责设计产品的交互流程，确保用户操作逻辑清晰顺畅；同时负责视觉设计，运用色彩、版式、图标、组件等元素，设计美观、符合品牌调性且具备良好可用性的用户界面。如果小组中有具备相关技术（如前端开发、后端API调用、Unity/UE引擎应用等）背景的同学，可分配其负责可行性技术探索或demo关键部分技术实现。如无相关技术成员，建议小组侧重于原型设计环节，制作高保真交互原型来展示设计方案，但需明确技术边界与局限性（在报告中说明）。本课程更重视能够表达逻辑的交互原型设计，技术实现非本课程核心要求。

（3）选题要求 构思一个选题，要求具有创新性、趋势性、交互设计可行性，即所选产品或服务的交互设计应具有一定的挑战性，但也要确保在现有技术条件下能够实现。

（4）资讯来源 鼓励小组成员从行业资讯网站（如36氪、极客公园、UX Booth、Smashing Magazine）、专业公众号、社交媒体、行业分析报告（如艾瑞咨询、易观智库）、学术期刊与学术会议、竞品分析等多渠道获取灵感与背景信息。

（5）选题确定 小组内部充分讨论、研究多个潜在选题方向后，在第3章课程结束前（即第4周中期汇报时），需初步确定一个符合要求的选题方向并进行汇报。教师团队将在中期汇报后提供有针对性的反馈和建议，小组应根据反馈进行选题的优化或调整。最终选题将在中期汇报后正式确定，成为后续设计和报告的核心。

（6）答辩要求 小组需基于课程教学计划（表1-1）制定详细的项目执行计划，明确各阶段任务的时间节点。定期进行团队内部沟通（如每周进度同步会），确保信息透明，及时解决问题，在交互设计中，团队协作非常关键。充分利用课堂答疑、课后沟通、汇报反馈等途径与教师团队保持有效沟通，及时解决项目推进中的困难和疑问。在课程结束时（第8周），完成全部成果并按要求提交与展示。

为了培养面向未来的人机协同设计思维，鼓励各小组在项目中尝试将AI Agent作为“虚拟成员”纳入团队分工，如让其承担用户研究助理或界面设计助理的职责。可探索使用特定的AI工具，如字节跳动推出的AI编程工具Trae。

第2章 需求探索与分析

2.1 定性分析方法

2.1.1 定性分析概述

定性分析是指研究者运用历史回顾、文献分析、深度访谈、参与式观察、焦点小组、日记研究等方法获取研究资料，通过非量化（或非统计）的方式，基于研究者的洞察力、专业知识和经验，对资料进行诠释、归纳和理论建构，以深入理解研究对象的行为、动机、情感、需求及所处社会文化背景，从而获得研究结论的方法。

定性研究方法论通常建立在解释学、现象学和建构主义等人文社会科学范式的基础之上，其主要观点认为，社会现象（如用户行为）往往不像自然现象那样受简单因果关系的支配，而是受多重、复杂、动态且经常具有主观意义的因素的影响。例如，在用户研究中，定性方法的核心目的在于深入理解特定用户群体（通常是小规模、具有代表性的样本）的深层需求、使用动机、行为模式及其背后的意义。常用的定性研究方法包括用户访谈、焦点小组、卡片分类法、情境调查、日记记录等。定性分析过程通常是一个探索性和生成性的过程，通过持续发掘研究对象的属性与特征，逐步描绘并构建出其完整轮廓。

在交互设计领域，定性分析是一种极其重要且被广泛应用的方法，它被用于深入解析设计问题、理解设计过程及评估解决方案。通过收集和分析定性数据，如用户谈话、观察记录、图片资料等，定性方法能够揭示设计中涉及的用户感知、情感体验和社会文化因素，这有助于设计团队更全面、细致地把握用户的需求与期望，识别潜在的设计挑战与创新机遇，从而为设计方案提供洞见和明确的方向，最终使设计成果贴近用户的真实情境。可以说，定性分析方法构筑了连接用户需求、设计挑战与创新解决方案的桥梁。

2.1.2 定性分析的主要功能

定性分析的核心功能在于通过系统化方法深入解析研究对象的本质属性及其形成的内在逻辑与外在条件，这是一个不断累积、持续深化的“做加法”过程。随着对研究对象多维属性的深入探索，研究者逐步建立起对其丰富和感性的理解。

在交互设计实践中，定性分析的功能主要聚焦于对产品需求的深度挖掘与解析，不仅仅是罗列产品的功能特性清单，更是对用户需求的本源、内涵及其相互关系进行细致探究。在设计初始的调研阶段，设计团队往往围绕潜在的产品需求和用户属性展开探索，如运用头脑风暴法构想各种可能的功能点与应用场景。虽然在此过程中，需求和具体功能有时会相互交织，难以截然分开，但定性分析的核心目标始终是明晰产品的根本属性和用户的核心诉求。

随着对用户需求和产品属性认识的不断深入，团队的认知也变得更加敏锐和丰富。每一个被识别出的用户核心需求都映射着产品的某个关键特征，而这些特征共同构成了产品的整体价值和独特属性。因此，我们可以将产品视为一个由多元化需求集合构成的整体。通过系统地挖掘、梳理和表达这些需求及其相关特征，我们能够有效且全面地描绘产品的核心价值。从交互设计的核心任务来看，挖掘并清晰地表达用户需求与产品属性，本质上就是对设计对象关键概念的把握和建构过程。因此，需求表达构成了交互设计思考与实践的核心环节之一。

2.1.3 定性分析的一般流程

在交互设计中实施定性分析时，通常遵循一个包含三个关键步骤的核心流程。

（1）方向定位 包括探索与发现问题、定义并聚焦方向。该阶段常用的方法包括头脑风暴法，激发广泛想法，发现潜在问题点；焦点小组法，通过群体讨论凝聚共识，聚焦核心问题或机会方向。虽然逻辑上往往先进行发散性的头脑风暴，后通过焦点小组进行聚焦整合，但方法应用是灵活的，可根据项目实际需要交叉或迭代进行。

（2）需求挖掘 深入发掘与产品方向紧密相关的用户需求。横向调研（如PEST方法）与纵向调研（如竞争性分析方法）都属于需求挖掘的方法。用户访谈法则是另一种深度挖掘需求的有效方式，能更好地揭示用户深层次需求。

（3）概念形成 基于前期发现的“方向”和“需求”，进行“聚类与构思设计”，形成初步的定性设计概念或需求框架。收集到大量需求信息后，需要对其进行整理与结构化。研究团队首先进行需求聚类，通常基于专业经验，对需求点进行初步的、相对主观的分类归组，如按功能、用户类型、场景等。这一步的目标是使繁杂的需求初步有序化，为后续设计构思提供基础框架。需要强调的是，该阶段的聚类以定性判断为主，后续通常需借助定量分析方法，如问卷调查、卡片分类的统计结果进行验证和精炼，以提升客观性与代表性。

2.2 头脑风暴与焦点小组

2.2.1 头脑风暴：探索与发现问题

在产品设计的前期探索阶段，识别符合潜在产品方向的需求至关重要。需求发现的方法大体可归纳为自下而上和自上而下两种。在交互设计实践中，自下而上的方法更为常用。这种方法的核心在于聚焦用户的具体行为、习惯、偏好、痛点以及实际使用场景。它从具体的用户和市场数据入手（如通过深入的用户研究、市场调研、竞品分析等），广泛收集来自底层的多样化需求。随后，利用需求聚类分析或其他数据分析方法，对这些发散的需求进行收敛，提炼出关键的核心需求，并以此为依据确立产品定位。例如，市场调研能勾勒出目标用户的整体期望，竞品分析则能揭示市场空白与差异化机遇，基于此，运用聚类分析或因子分析等方法，团队能从庞杂的需求中提炼核心，明确产品的定位。

头脑风暴法是自下而上需求探索中典型的创新激发方法，通常需要组织一个由具备相关领域知识和能力的专业人士组成的小型协同团队，通常为6～12人。该方法的核心机制是通过集体研讨、相互启发和观点碰撞，在短时间内激发出尽可能多的创意构想。其目标是对产生的众多设想进行系统分析，进而筛选出最具可行性和潜力的解决方案。一次结构化的头脑风暴通常包含以下关键环节。

（1）明确定义问题 在会议开始前，清晰、具体地界定讨论的核心问题、设计挑战或目标，明确背景和边界条件，确保所有参与者对目标达成共识。

（2）小组集结 召集具有不同专业背景和视角的成员，如交互设计师、用户研究员、工程师、领域专家、市场人员等，利用其多元性激发更广泛的创意。

（3）创意发散阶段 这是核心环节，要严格遵循“延迟评判”原则，鼓励参与者自由联想，提出任何想法，无论这些想法是否完善、常规或“离经叛道”。目标是数量优先，追求思维的广度与开放性。

（4）创意汇总 在创意发散之后，小组将提出的所有创意汇总，这些创意可能涉及解决问题的不同方法、新概念、设计元素或用户体验建议。

在头脑风暴过程中，创造一个无界限、无批判的环境至关重要。每位参与者都应自由地表达想法，不受限制。重要的是激发灵感，而非即刻评判。即便是看似幼稚、错误或荒诞的想法，也应被接纳，因为它们可能激发更具创造力的思考。在这种环境中，禁止任何形式的负面评论，如“这根本行不通”或“你这想法太陈旧了”。同时，自我批判也应避免，如“我只是随便说说”或“我有一个可能不太实用的想法”。这些话语会阻碍创新思维的自由流动，破坏参与者的信心和积极性。如图2-1所示是潮州嵌瓷体验App前期调研的一次头脑风暴法的结果。

在交互设计的需求探索中，灵活融合发散性思维（强调广度与想象力）和收敛性思维（即逻辑性思维，强调聚焦与判断）是一种高效的策略。在方向模糊的探索阶段，发散性思维推动需求的广泛挖掘；而在方向明确后或需要决策时，收敛性思维则负责梳理、聚焦、形成结论。根据项目阶段与目标灵活运用这两种思维模式，能有效应对设计挑战，实现创新与落地的平衡。

自上而下的方法则与上述方法相对，它始于一个预设的理论框架或高层级分类体系，如唐纳德·诺曼的情感化设计三层次理论，从这个理论规划好的本能层、行为层、反思层出发，然后通过逻辑推理逐层向下分解，推导出子需求，如本能层具体包含哪些感知需求。这种方法要求初始框架本身具有很强的解释力和影响力，其结论才更具说服力。自上而下的调研分析有助于确保设计的全局一致性和战略性对齐，是从整体出发把控设计方向的有效手段。

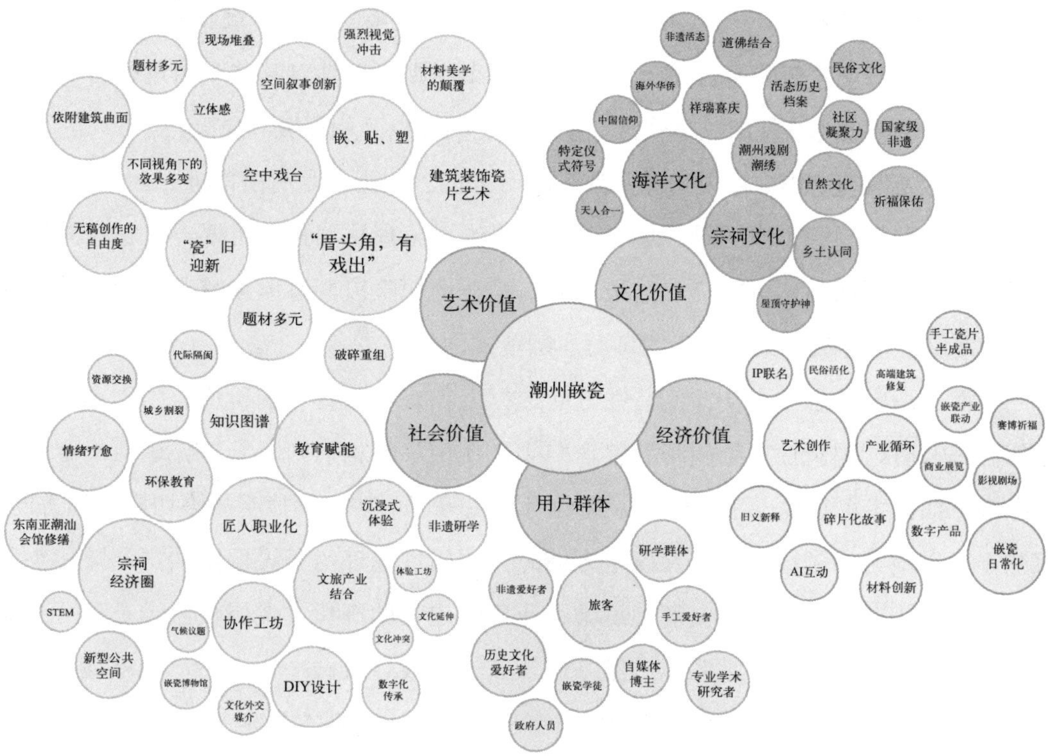

图2-1　潮州嵌瓷体验App头脑风暴实例

2.2.2　焦点小组：定义与聚焦方向

在明确问题并广泛探索后，一个清晰、具体且可管理的研究方向至关重要。因此，需要对头脑风暴法得到的想法和方向进行聚焦，将问题界定在可控范围内，以便后续的深度研究。产品设计的一个重要理念就是小而精，要求我们从广泛发散向系统聚焦转变，深度挖掘特定问题，而非泛泛涉猎宽泛的领域。

焦点小组法就是一种实现从广泛发散向系统聚焦的有效方法。它是一种半结构化的群体讨论，通常由一名专业主持人引导一组6～10个目标用户或潜在用户，围绕预设主题进行深入交流，其目标是探究参与者对某一主题，如产品概念、使用体验、需求痛点的深层次看法、态度、情感及其背后的原因。与简单访谈不同，焦点小组的精髓在于利用群体动力。个体参与者的发言会激发其他人的反应，产生互动，从而挖掘出比单独访谈更丰富、更真实的信息。这种相互作用能够比单独陈述产生更多信息。

与头脑风暴法相比，焦点小组法有其独特之处。头脑风暴主要侧重于创造想法，在讨论过程中不允许打击想法的产生；而焦点小组则可以针对某些观点进行讨论和点评，进行分析、提炼并得出具体观点，参与者之间可以互相反驳和质疑。

在聚焦方向的过程中，寻求导师或领域专家的评估指导是有益的补充。但需注意，该类评估主要依赖逻辑性思维。尽管逻辑性思维对整理思路至关重要，但它在激发全新创意点和创新探索上可能存在局限，尤其是在选题阶段，过度依赖逻辑有时会抑制思维的跳跃性，导致方案倾向于改良而非颠覆式创新。

然而，逻辑性思维在支撑创造性方向选择上仍有不可替代的价值。当创意涌现导致信息过载时，逻辑性思维能帮助整理归类，使信息结构清晰、合理。运用一定的逻辑标准，如技术可行性、用户价值、商业可行性等，可初步筛掉明显不切实际的方向，聚焦于更有潜力的领域。在最终确定方向时，逻辑性论证对于说服团队与利益相关者至关重要。因此，为了实现发散性思维在正确轨道上的深化，逻辑性思维是不可或缺的支撑，它帮助整理创意，强化方案基础。在交互设计实践中，动态、互补地运用发散性思维和收敛性思维，是产出既创新又有深度的设计成果的关键。

2.3 产品市场调研

在完成头脑风暴与焦点小组之后，基本上可以确定产品的调研方向以及调研的主要对象，进入产品市场调研阶段。深入理解产品所处的市场环境是借鉴并定义产品方向的关键环节。系统化的产品市场调研可全面揭示市场需求、竞争格局和用户期望，为设计决策提供客观依据，最终提升产品的市场竞争力。

2.3.1 横向调研

横向调研聚焦于行业维度的对比分析，通过对同类产品、市场趋势，如用户需求变化、技术演进、竞争动态的横向比较，识别市场机会与风险。常用的方法是PEST分析模型（表2-1），其系统性框架能帮助设计师全局把握外部环境。除此之外，还需要挑选几款跟本产品高度相关的竞品进行详细的分析，以寻找本产品的定位与差异化竞争优势。

表2-1 PEST分析框架

维度	分析内容	设计影响案例
政治（political）	政策法规（如数据隐私法）、政治稳定性、政府支持计划	某国加强科技行业监管，要求智能设备增加隐私开关功能
经济（economical）	消费水平、失业率、通胀率等宏观指标	经济低迷期，性价比高的基础功能成为用户核心需求
社会（social）	人口结构（如老龄化）、文化价值观变迁、生活方式趋势	健康意识的提升推动了智能手表新增睡眠质量监测功能
技术（technological）	新兴技术（如AI、5G）、技术基础设施、团队技术能力	5G的普及使AR类交互应用成为可能，博物馆导览产品加入了实时AR文物复原

2.3.2 纵向调研

深入理解产品所处的市场环境，离不开对竞争对手的系统化研究，这便是纵向调研的核心，也称为竞品分析。竞品分析聚焦于那些与自身产品存在直接或间接竞争关系的同类产品，其本质是通过对竞争格局的深度剖析，为自身产品的定义、设计和优化提供关键依据，从而提升市场竞争力。

进行竞品分析时，我们需要暂时放下设计师的身份，真正代入用户的角色，以用户视角去体验和评估竞品。这种视角转换至关重要，它能引导我们发现许多设计师容易忽略的细节。竞品分析的价值体现在多个维度，它帮助我们清晰描绘市场格局，识别主要玩家及其策略；它让我们得以借鉴行业内的最佳实践，学习其他产品在交互设计、功能实现上的成功经验；它也让我们有机会规避前人走过的弯路，从竞品的失败案例中吸取教训；更重要的是，通过分析竞品的用户反馈和使用场景，我们能更敏锐地洞悉用户未被满足的需求和痛点；最终，对竞品的深入理解也是激发创新灵感的重要源泉，在了解现有解决方案的基础上，思考如何实现差异化突破。

第一步：精准筛选目标竞品

精准筛选竞品需要建立在清晰定义自身产品（如领域、目标用户、核心功能）的基础上。竞品通常分为三类，分析方法也各有侧重：①**直接竞品**，这是最主要的竞争对手，它们在目标市场、核心功能、用户群体上与我们的产品高度重合，例如，在短视频领域，抖音、快手、视频号就是典型的直接竞品，分析它们能直接了解市场份额、主流商业模式和竞争焦点；②**间接竞品**，这类竞品又可分为两种情况，一种是服务于相同核心用户群，但满足的需求不同，如健身记录App的直接竞品是其他健身App，而记录饮食热量的App如MyFitnessPal则是其间接竞品，另一种是产品形态或核心服务流程相似，但目标用户群体有差异，如综合电商淘宝的间接竞品可能是专注二手潮品交易的得物，分析间接竞品有助于发现跨界经验和潜在威胁；③**潜在竞品**，指来自相关行业、拥有相似技术或商业模式，未来可能进入该领域形成竞争的产品，例如，设计智能家居控制App时，除了小米米家、华为智慧生活等直接竞品，智能音箱厂商，如天猫精灵、小度等的应用平台也可能成为潜在竞品，分析它们有助于预见未来的竞争格局。

第二步：深度挖掘竞品信息并进行多维度解析

确定竞品后，需要从多个关键维度进行深入比较和分析：①**产品定位**，通过分析竞品的广告语、官网描述、市场传播等方式，解读竞品的核心价值主张、目标用户画像、市场细分策略和品牌形象；②**功能特性**，拆解竞品的功能模块、核心流程、技术规格（如产品参数）以及独特的个性化功能；③**交互与用户体验**，这是交互设计的核心关注点，重点考察信息架构的组织逻辑、导航设计的便捷性、界面布局的合理性、核心任务交互流程的顺畅度以及整体的易用性和愉悦感；④**视觉设计**，分析色彩体系、图标风格、字体运用、动效设计等如何塑造产品气质并影响用户认知；⑤**内容策略**，评估文案风格、引导信息、帮助文档、多媒体内容的有效性和一致性；⑥**产品优缺点**，综合以上分析，结合用户评论（如应用商店、社交媒体、评测报告），识别竞品的核心优势与显著不足。

为了更清晰、系统地呈现分析结果，我们需要借助合适的工具：①**功能对比表格**，这是最直观的方式，通过表格清晰罗列各竞品在关键维度的异同，便于快速比较；②**雷达图分析**，选取关键评价指标（如功能完整性、易用性、视觉设计、用户满意度），将竞品在各维度的表现绘制在雷达图上，直观展示其综合竞争力和优劣势分布；③**四象限分析**，选取两个核心战略维度（如用户满意度与功能丰富度，或创新性与市场占有率），将竞品置于四象限中，帮助识别其市场定位和发展重心；④**用户体验旅程**

图，对比用户在使用不同竞品完成相同核心任务时的流程、触点、情绪变化（如痛点、爽点）。

第三步：提炼核心洞察与初步需求

竞品分析的关键在于选择与本产品深度关联且优秀的产品。通过对竞品的深入分析和总结，我们最终可以得到一个初步的需求列表以及产品定位与差异化竞争优势。竞品分析是理解市场环境和用户需求的重要方法，尤其是在接触特定用户群体（如孤独症儿童）存在困难时，研究针对该群体的竞品和文献，可以间接获得宝贵洞见。

然而，竞品分析存在局限性：①**无法完全替代用户研究**，竞品分析主要基于对现有产品的观察和间接信息，难以触及用户深层的、未表达的或潜在的情感化、社交化需求，其结论的深度和准确性通常低于直接访谈、观察等方法；②**可能抑制创新思维**，过度关注竞品容易导致设计陷入模仿的窠臼，限制突破性创新，应时刻保持批判性视角，着眼于发现空白和机会；③**有信息获取边界**，详细的用户行为数据、内部策略等核心数据往往难以获取，且市场瞬息万变，分析结果易过时。

因此，竞品分析应被视为用户研究过程的重要环节和起点，其输出的初步需求列表和洞察必须与后续的用户调研（如访谈、问卷、可用性测试）相结合，相互验证、补充和深化，才能更全面、精准地把握用户需求，为成功的交互设计奠定基础。在潮州嵌瓷体验App案例中，正是通过竞品分析与后续用户访谈、问卷调查的结合，才得以提炼出产品定位和功能设计方向。

在潮州嵌瓷体验App案例中，受限于非物质文化遗产（以下简称“非遗”）本身的复合属性，文化传播并非一条单一路径，因此，竞品选择不局限于某一特定品类，需覆盖其所涉及的各类体验形态，无论是数字化产品，还是线下实体服务，均需纳入考量。基于此，我们采用综合性分析维度，从产品类型、产品价值以及各自的优势与不足等方面进行对比分析（表2-2）。

表2-2 非遗产品分析

产品类型	具体形式	产品价值	优点	缺点
文创产品	嵌瓷饰品、摆件、文具等衍生品	文化具象化，表达自我，社交打卡	审美性强，消费便捷，文化认同感易建立	用户参与度低，文化链条断裂，易沦为装饰品；缺乏文化深度与传承感

续表

产品类型	具体形式	产品价值	优点	缺点
线下体验服务	手工坊、研学游、博物馆、非遗文旅路线、材料包	实践动手，与文化近距离接触	沉浸感强，互动性高，用户参与度深	区域受限，成本高，参与难以持续，缺少后续激励机制
线上产品	短视频/纪录片等、云展览、非遗类App或相关官方文化平台	信息获取便捷，文化认知详细，内容权威，主题鲜明	门槛低，易获取，覆盖广，易引发话题关注	单向输出，缺乏互动和行动路径，无法带动实践
新技术产品	非遗AR/VR体验、AI导览、游戏化设计等	游戏化学习，虚拟沉浸，寓教于乐	具备跨越物理限制的潜力，可集成学习与娱乐	形式单调，技术实现门槛高，用户参与受限，实际效果依赖硬件体验

2.3.3 调研总结

竞品分析不仅仅是一个评估竞争者的工具，更是一个发现和创新的机会。通过这一分析，我们能够洞察现有产品在内容、体验和形式上的不足之处，这些发现便成为我们设计创新的跳板。例如，我们可以深入研究竞品在用户体验方面的弱点，如界面的直观性、互动的流畅性或个性化元素的缺乏，了解这些不足之处后，可以在产品设计中有意识地解决这些问题，从而创造出更加用户友好和引人入胜的体验。在内容层面，可以分析竞品在提供信息、教育或娱乐方面的不足，通过识别这些空白点，有机会在我们的产品中引入更丰富、更有深度的内容，以满足用户的需求并超越他们的期望。在形式上，我们的分析可能揭示了现有产品在设计、技术或交互方式上的局限性。继续以上述非遗文化类产品为例，对其进行总结分析得到表2-3。

表2-3　非遗文化类产品的总结分析

竞品缺陷	痛点	内容
缺入口	文化参与渠道匮乏	用户有兴趣却无从入手，线上缺少权威平台，线下体验资源分布零散，无法顺畅转化为实际行动
缺解释	缺乏文化内涵的深度讲解	内容浅表化、碎片化，缺乏系统、生动、易懂的文化讲解，用户难以理解技艺背后的深层意义，无法建立持续的兴趣

续表

竞品缺陷	痛点	内容
缺动手感	无法亲自体验技艺的魅力	多数产品仅提供“观看”，用户无法亲自参与制作，体验停留在表层，难以产生真正的情感联结
缺成就反馈	体验缺乏过程记录和结果反馈	缺少成果展示与认同机制，用户完成体验后没有交流空间与激励机制，难以激发长期参与的热情

针对非遗产品的全面分析，揭示了当前非遗产品在形式单一、参与割裂、再参与动机不足等方面的问题。因此，我们得到了四个共性特点，即缺入口、缺解释、缺动手感、缺成就反馈。除此之外，还可以得出非遗产品线上与线下存在明显的割裂，缺乏将“线上吸引”与“线下沉浸”完整打通的结论。因而我们应构建“看见→理解→参与→再分享”的完整体验路径链条，打造潮州嵌瓷文化产品“易进入、能理解、可参与、可反馈”的功能属性。

基于上述洞察，我们期望打造一款融合“线上认知学习”与“线下动手实践”的潮州嵌瓷深度体验产品。该产品不仅内嵌潮州嵌瓷文化数据库，支持AI智能问答与文化内容检索，还通过游戏化机制引导用户探索与学习，并提供个性化创作，实现从兴趣激发到动手创作的完整路径。同时，平台将打通线上与线下体验空间，使用户在掌握嵌瓷基础知识的同时，沉浸式感知其文化精髓与技艺魅力。我们希望用户能通过这款产品，在学习嵌瓷基础文化的同时，更深入和沉浸地体验嵌瓷的非遗文化精神。

2.4 用户研究

2.4.1 用户研究方法

以用户为中心是交互设计的核心理念，对产品满意的用户更可能持续使用产品并成为忠实拥护者，反之则可能导致用户流失和口碑受损。因此，优先理解并满足用户需求是产品成功的基石。通过深入洞察用户的需求、行为模式及偏好，设计团队能够创造出更具可用性和易用性的产品，有效降低用户学习成本，减少操作失误，提升任务效率，从而优化整体用户体验。

用户群体具有显著的多样性，体现在需求、偏好和能力水平等多个维度。以用户为中心的设计方法要求设计团队充分考虑这种多样性，确保产品设计能够吸引并服务于不同年龄、文化背景、技能水平和身体状况的用户。当用户发现产品不仅能满足其核心需求，更能提供愉悦的体验时，他们更倾向于长期使用并主动传播，推动产品用户群体的扩展。

在用户调研过程中，采用以用户为中心的方法有助于避免在产品开发后期进行代价高昂的修改。在早期设计阶段就充分考虑用户需求，可以显著降低后期返工的风险，节约时间和开发成本。因此，设计师在交互设计过程中，需系统性地运用多种方法来收集用户信息，解析用户行为，构建用户模型，从而有效指导设计方向。

数据采集（或称需求挖掘）是这一过程的起点，其核心目标是获取有实际价值的信息。精准的数据采集使设计师能够更透彻地理解用户的心理和行为模式，为构建准确的用户模型奠定基础。这些模型将在后续设计中发挥关键作用，指导设计师创建出符合用户直觉的界面和交互流程。针对不同的研究目标和用户体验深度，需要灵活选择合适的研究方法。以下是交互设计中常用的方法。

（1）用户访谈 用户访谈是一种重要的深度探索用户需求的定性方法。在访谈前，必须明确研究目标（基于产品定位与5W问题），搭建理论框架并设计访谈提纲（基于前期的需求列表），确保访谈过程聚焦且高效。通常采集8～20份有效访谈样本即可覆盖较丰富的用户观点。用户访谈的优势在于其数据的“圆滑性”（即通过归纳整合不同用户观点形成整体认知）和“符合认知性”（即贴近用户真实想法）。在访谈中，研究者需要巧妙处理数据，将分散的见解有机融合，以深入理解用户认知与需求的本质。

（2）问卷调查 问卷调查是一种高效的定量研究方法。跟访谈一样，问卷题项设计也需要以前期的需求列表为依据，并对其进行量化，需明确研究目标，构建清晰的调查框架，以获取可量化的用户数据。对于描述性分析，通常150～200份有效问卷可提供较好的基础；对于推断性分析，需要更大样本量，建议至少200～300份有效问卷；若追求更高统计效力或使用复杂模型，如结构方程建模，推荐样本量500份以上。为了确保后续定量分析（如因子分析、聚类分析）的可行性，建议回收的有效样本量不低于题项总数的5～10倍。问卷调查能够提供宏观的用户偏好和行为趋势数据，是验证假设和支持决策的有力工具。

（3）大数据技术 大数据技术适用于从海量、复杂的数据中发现隐藏的模式和趋势，挖掘用户需求与价值。通过文本预处理（如清洗、转换）、聚类等自然语言处理技术，可以从繁杂的数据中识别出有意义的信息和关联。在数据来源多样且动态变化的场景下，大数据技术能帮助设计师捕捉新兴的用户趋势和行为变化。

（4）认知与生理测量技术 认知心理学实验设备包括眼动仪、多导仪、脑电仪等，可用于深入探究用户的感知、认知加工和情感反应等微观层面，在验证特定设计元素（如颜色、形状、动效）对用户注意力和情绪刺激的有效性时尤为精准。这类基于认知与生理数据的方法因其客观性而具有较强的说服力，既可在宏观层面评估用户体验，也可为微观层面的实验设计提供支持。

选择何种研究方法应基于具体的研究目标、所需数据的类型以及可用的资源。不同的方法常可相互补充，帮助设计师构建更全面的用户认知，进而提升产品或服务的用户体验质量。

2.4.2 用户访谈

用户访谈的显著特点是其广泛的问题覆盖范围。研究者几乎可以围绕产品的任何方面进行提问，特别是那些涉及用户主观感受、个人经历和深层动机的问题。这种开放式提问鼓励用户自由表达，有助于发掘在表面调研或预设问卷中难以触及的深层洞见。研究者不仅能获取用户对产品的直接反馈（如喜欢或不喜欢），更能深入理解其背后的个人经验、情感反应（如挫败感、愉悦感）和价值判断。这种对用户情感与期望的深度挖掘，为设计师打造更贴合用户内心需求、更具吸引力和实用性的产品提供了宝贵信息。

相较于用户访谈，问卷调查作为重要的定量研究工具，通过结构化的问题设计实现对用户反馈的量化测量。它在提供宏观的用户行为趋势和态度分布方面也非常有效，能覆盖产品的多个方面。但问卷调查侧重于封闭式问题，因此，在深度探究特定复杂问题或挖掘个体独特经历方面存在局限性，难以充分触及用户未被言明的、深层次的情感或动机。尽管如此，问卷调查在高效收集大量数据、快速定位用户普遍偏好等方面依然是不可或缺的工具。

用户访谈与问卷调查作为最常用且门槛相对较低的用户研究方法，在实践中常以不同的组合形式灵活运用。但通常情况下，先定性后定量的逻辑更容易被接受。具体步骤如下。

（1）从访谈中发现用户痛点，明确初步假设，确定问题边界 在此阶段，研究者通过深入的用户访谈（如半结构化访谈、深度访谈）广泛探索用户需求、期望和面临的挑战。访谈的核心目标是尽可能全面地识别潜在的用户痛点和机会点，并基于这些发现初步形成研究假设。同时，访谈也有助于明确研究问题的具体边界和范围，为后续定量验证提供清晰的方向。

（2）用问卷验证并量化这些假设 获得初步假设后，研究者转向设计严谨的问卷调查。问卷的核心任务是将访谈中识别出的关键问题（如痛点、需求点）转化为可量化的问题（如满意度量表、重要性排序、行为频率），并在更大规模的用户样本中进行测试，目的是验证这些需求的普遍性、重要性以及真实性，量化其优先级，过滤掉弱需求和伪需求。这一步骤通过数据量化来支撑设计决策，确保设计方案精准锚定用户的核心诉求。

这种“先定性（访谈）再定量（问卷）”的方法优势显著，它允许研究者在深度理解用户情境和痛点的基础上，利用定量数据获得更客观的见解。这种方法有效确保了设计切入点的准确性，并为设计决策提供了坚实的量化依据，是平衡用户满意度与设计有效性的关键路径。

2.4.3 潮州嵌瓷体验App访谈提纲设计

在潮州嵌瓷体验App的用户研究中，由于我们对嵌瓷现状及传承人的核心诉求相对陌生，无法仅凭日常经验洞察，因此采用了更系统的方法。

（1）深度访谈传承人与目标用户群体 首先访谈资深传承人，挖掘他们对嵌瓷技艺传承、创新发展、现代化挑战的专业视角和核心痛点；其次对新中式非遗消费群体进行访谈，挖掘用户对非遗产品的消费偏好、审美喜好、新技术接受程度以及对非遗文化的态度等，从中发现用户的共性需求痛点和潜在需求。

（2）融合用户需求 将传承人的专业洞见与潜在用户（如游客、文化爱好者）的一般需求痛点进行交叉分析，形成初步需求池。

（3）大规模问卷验证 设计结构化问卷，在更大范围的潜在用户群体中验证这些需求的普遍性和强度。

在访谈环节，我们聚焦于探究受访者对“如何推动嵌瓷文化的现代化发展”这一核心议题的需求，设计详尽的访谈提纲。访谈提纲应涵盖个人信息与四大关键维度。以下选取非遗传承人的访谈提纲作为例子来探讨（表2-4）：①**情境和应用**，探讨受访者学习、传承嵌瓷过程中的影响因素、当前状态以及面临的挑战；②**感受和情绪**，深入理解受访者的内心体验；③**行为和经验**，了解受访者已采取的行动；④**意见和建议**，收集受访者的建设性想法。

表2-4 访谈提纲

访谈维度	访谈题目
个人信息	① 年龄、文化背景 ② 从事嵌瓷行业的时间 ③ 通过何种方式习得嵌瓷技艺 ④ 家族或师门中有什么代表性作品或技艺
情境和应用	① 当前嵌瓷传承面临的最大挑战 ② 嵌瓷传承中，新技术发展对传承教学的影响 ③ 传承过程中，哪些事件/人物产生了关键影响 ④ 近年来嵌瓷行业的生态变化趋势
感受和情绪	① 面对传统工艺逐渐失传现状的内心感受 ② 如何看待新时代下非遗文化的发展
行为和经验	① 是否做过传统技法与现代工具的融合 ② 是否系统整理记录过嵌瓷工艺及历史 ③ 是否通过数字化手段推广过嵌瓷艺术 ④ 针对年轻学徒培育采用的教学方式 ⑤ 是否做过新型的嵌瓷产品或活动
意见和建议	① 如何更好地传承嵌瓷技艺 ② 对嵌瓷未来发展的期望和希冀 ③ 学习与传承嵌瓷过程中的启发

这种分层提问的结构设计确保了问题的广泛性和开放性，能够有效引导访谈深入挖掘不同受访者在特定情境下的独特体验和具体需求。访谈超越了简单的问答，更像是一次深度的思想交流和需求探索。每位受访者基于自身经历的多样化回答，为我们提供了理解非遗传承人的困境、期望以及对现代发展诉求的宝贵信息。而在对非遗消费群体的访谈中，则挖掘到了该群体对潮州嵌瓷文化的深度需求以及体验嵌瓷的新

期望。

这些从用户访谈中挖掘到的需求跟前面的定性方法一样，都是“做加法”的过程。这也是本书把用户访谈这个知识点放在这一章而将问卷调查放在下一章的主要原因：用户访谈属于定性分析方法，而问卷调查属于定量分析方法。

2.4.4 访谈结果分析与总结

完成用户访谈后，将访谈结果进行分析与总结，主要步骤如下。

（1）整理原始记录 将访谈录音、视频或笔记准确、完整地转录为文字稿。这是后续分析的基础，务必保证其真实反映访谈内容。

（2）审阅与编码 仔细研读文字稿，识别高频出现或具有重要意义的关键主题。例如，用户反复提及对某功能的期待或对某界面设计的抱怨。运用编码技术，如将相关内容标记为“用户需求—信息获取”“体验痛点—加载速度”“使用行为—分享习惯”等，对数据进行初步归类，使庞杂的信息初步有序化。

（3）深度主题分析 对识别出的每个关键主题进行深入剖析。这不仅是罗列用户说了什么，更要探究其背后的原因、动机和情境。例如，用户普遍抱怨某个功能复杂，可能揭示了操作流程不符合直觉或该功能与其核心任务关联度低；用户对某项服务反应平淡，可能意味着该服务未能满足用户的深层期望或实际价值不高。需要结合访谈中的上下文、用户语气和非语言信息进行综合判断。

（4）提炼洞见与建议 基于深度分析，提炼出关于用户需求、痛点、动机和期望的核心洞见。根据这些洞见，提出具体的、可操作的设计建议。例如，若用户普遍反馈应用加载速度慢，建议可优化后端处理，简化功能模块或提供更友好的加载状态反馈。

（5）撰写总结报告 将所有发现、分析和建议汇总成一份清晰的访谈总结报告。报告应详述分析过程、核心发现、关键洞见以及对应的设计建议。

（6）团队讨论与共识 将报告与设计团队、产品经理、开发人员等相关方共享并进行讨论。确保用户洞见被充分理解并达成共识，为后续设计行动奠定基础。

（7）制定行动计划 明确哪些设计建议将被采纳，并制定详细的实施计划，如优化信息架构，调整交互流程，增加新功能模块等。

通过这种结构化的分析总结流程，能够确保从访谈中获得的宝贵信息得到充分利用，有效指导后续的产品设计与开发。

在嵌瓷项目中，我们的深度访谈旨在理解传承人在嵌瓷技艺面临失传风险时的真实需求、所采取的行动以及对非遗现代化发展的态度，并将这些专业洞见与潜在用户的需求进行整合。我们特别采访了95后年轻传承人许名泰，了解他应对困境的思考与行动。对访谈内容的系统整合与分析（表2-5），揭示了嵌瓷传承领域的四个显著需求特征：①传承人对新技术发展持开放欢迎态度；②强调传统嵌瓷应与现代审美相结合，实现“旧义新释”；③认为当前线上宣传多流于表面形式，用户难以深度体验和理解嵌瓷的文化精髓；④提出应探索线上与线下结合的“嵌瓷文化空间”多重联结模式。

表2-5 用户访谈总结

结果分类	用户反馈	传承人反馈	需求洞察
文化理解	知识浅、解释缺失，难以建立文化认同，希望得到深度的嵌瓷文化认知	重视文化根本，担忧形式大于内容，承担系统整理潮州嵌瓷传承链工作的人手不足；期望通过嵌瓷来传达潮州文化核心	构建系统化、生动易懂的文化解释体系；利用AI系统整理分类潮州嵌瓷数据库
动手体验	渴望动手参与，偏好实用且具美感的作品，重社交与纪念意义	强调“动手”才有真实理解感受	强化动手体验与成果反馈机制；内容需兼顾审美吸引力与文化深度
传播渠道与形式	线上内容零散，线下资源不透明，缺乏权威入口，期望有同好共同交流分享作品	依托社交媒体平台进行宣传，多采用视频短片，网络宣传大多浮于表面，缺少深度的文化内涵；有尝试开发嵌瓷文创产品，尚未涉及新技术	建立线上线下联动平台，实现体验闭环，引入AI与潮州嵌瓷开发新体验方式；建立潮州嵌瓷交流平台
参与方式	喜欢游戏化、轻量化的交互体验，动手制作时希望有专业的指导帮助	强调长期学习、沉浸式实践；多数为线下开设体验课方式	融合游戏机制与技艺要素，打造轻量化体验；建立实时答疑以及智能指导机制

通过这一过程，我们揭示出在嵌瓷传承上的显著需求点：传承人在传承过程中欣然接受新技术的发展，并提出传统嵌瓷应与现代审美相结合，达到传统文化新表达的效果。对于用户而言，他们更需要生动易懂的文化解读体系，渴望得到深度的嵌瓷文

化认知和文化认同，还希望可以便捷预约线下嵌瓷体验。这些细节为我们提供了宝贵的洞见，使我们能够在后续的用户画像创建和产品设计方向上有更明确的指导。

2.5 定性分析总结

2.5.1 定性总结：产品定位

在以用户为中心的设计过程中，清晰的产品定位至关重要。它为设计师提供了以用户为中心的指引，并确保产品能有效满足用户需求。产品定位涵盖明确产品的核心目标、差异化优势、5W问题（特性、原因、使用时机、使用场景、使用方式）以及商业模式。对这些要素进行明确定位是产品设计的关键基础。

产品定位的重要性在设计早期阶段就已显现。当初步的需求清单形成时，产品定位必须包含在其中，这是因为产品定位能为设计提供明确方向，定义产品在市场中的位置与价值主张。在该阶段，设计师需要理解产品的核心目标及其在用户心智中期望占据的位置。产品定位不仅关乎市场位置，更在于明确差异化优势。设计师必须思考：相较于竞品，我的产品具备哪些独特性？如何将这些优势清晰地传达给用户？明确差异化优势有助于吸引并留存用户，使产品在竞争中脱颖而出。

产品定位有助于清晰地回答5W1H问题。

① 产品是什么（what）？

② 为什么要使用这个产品（why）？

③ 何时使用（when）？

④ 何地可用（where）？

⑤ 目标用户是谁（who）？

⑥ 如何使用（how）？

对这些问题的清晰定义是交互设计的核心（表2-6）。以潮州嵌瓷体验App产品为例，我们最终定位为：为热衷于新中式非遗文化的用户群体提供一个体验潮州嵌瓷非遗文化的平台，通过游戏化学习非遗知识、虚拟创作嵌瓷等方式，引导用户从了解潮州嵌瓷到动手创作实践，实现线上与线下的完整体验链条，从而帮助用户深入体验嵌瓷的精神内核。

表2-6 5W法定义潮州嵌瓷体验App产品

5W	产品内容
what	一个“线上学习体验潮州嵌瓷+预约线下实践”的文化平台：通过游戏化拼贴学习嵌瓷文化，借助AI agent创作个性化嵌瓷作品，整理并推荐线下嵌瓷体验场所或活动，打造一个综合性的潮州嵌瓷文化体验产品
why	本产品旨在帮助用户深入理解并实践潮州嵌瓷，打通从认知到创作的完整路径：通过游戏化拼贴激发兴趣，学习潮州嵌瓷文化，通过AI agent辅助个性化创作，建立嵌瓷数据库，提供实时答疑支持，降低学习门槛，提升非遗的系统认知与参与度
where	用户可以在任何有互联网连接的地方使用它：无论是在家中还是在前往潮州的旅途中，只要他们愿意或需要，就可以通过智能手机或其他智能设备来接触潮州嵌瓷并互动
who	20～45岁对非遗文化感兴趣、热衷于手工制作体验的用户群体
when	用户可以在对嵌瓷文化以及手工技艺感兴趣的任何时段使用这款产品，或在前往潮州了解嵌瓷文化时使用该产品深入了解

与传统的非遗文化产品相比，这款产品更注重用户的主动参与以及嵌瓷故事中的精神传递。它为用户提供了一个“创作—学习—分享—变现”的全链路文化平台，帮助用户通过有趣的游戏化拼贴方式学习嵌瓷文化，同时借助AI技术支持用户进行更高效的个性化拼贴创作。用户通过探索与创作，得以深刻理解故事内核。此外，平台还提供了线上嵌瓷数据库及AI解答服务，便于用户自主查找信息，获取实时答疑。用户亦可通过平台查看潮州嵌瓷体验地图，预约线下活动。创作完成后，作品可在平台上售卖。这种交流模式有效提升了用户的积极性与参与度。总的来说，该设计超越了传统非遗产品的单向文化输出模式，其核心在于打造用户的沉浸式参与体验，使他们创造出属于自己的嵌瓷记忆。产品定位也会直接影响商业模式，设计师需要规划如何将产品转化为可持续的盈利业务，包括明确收入来源，制定定价策略以及设计市场推广计划。清晰的产品定位为这些商业决策奠定了基础，确保产品具备市场可持续性。

2.5.2 第一次需求列表

需求列表是交互设计流程中承上启下的桥梁，定性分析所得到的完整需求列表是定量分析的依据。因此，需要将前面头脑风暴+焦点小组、横向调研+纵向调研、用户访谈等几个定性分析方法所得到的需求进行汇总，我们将其称为“做加法”得到的第一次需求列表（表2-7）。其中，①**共性需求**指的是从竞品中获取、具有行业共性且必需的需求，这些需求大多为必备需求，可以直接参考行业共性标准；②**个性需求**指的是本类型产品（如智能冰箱之于冰箱的智能相关属性）或本产品相比竞品的差异化需求，是重点关注的需求，大多为期望需求，甚至是魅力需求；③**纯主观需求**指的是那些难以量化的需求，可以通过访谈或设计团队的讨论决定的需求，如品牌故事、情感化因素等。后续的定量分析将基于此需求列表以及上述的产品定位、5W问题、差异化优势、商业模式等展开。

表2-7　潮州嵌瓷体验App产品的第一次需求列表

需求特征	需求模块与需求细分
共性需求	文化认知：历史信息，技艺流程，代表作，分布地区 技艺学习：技艺教学，个性创作 交互体验：数字化交互，游戏融合，线下作坊，线上展览 社交传播：社媒分享，社群活动，短视频与直播，信息推送 产品价值：地域文化纪念品，高性价比，IP联名 教育：研学活动，学徒计划
个性需求	交互体验：趣味科普，方言转译，即时文化解读，知识引导，可视化学习素材 教育学习：构建初步知识体系，专业知识系统化，嵌瓷文化库 体验优化：快速识别文化亮点，现代审美结合，定制创作 交易：创作售卖，交易保障 身份认同感：建立文化认同感，获得潮流认同，成就感
纯主观需求	个人价值表达：塑造文化人设/建立个人IP 情感化体验：文化精神共鸣

2.6 课后练习

本章的课后练习是确定本门课作业的选题。基于本章所学的定性分析方法，完成该选题的产品定位、差异化优势、5W问题、商业模式以及第一次需求列表。

第3章 需求验证与用户画像建模

3.1 用户研究中的定量分析

3.1.1 定量分析概述

定量分析是一种基于数值数据来深入理解和解释现象、行为或关系的系统化研究方法。它通过对事物或其组成部分进行可量化的测量与分析，运用统计学和数学模型来揭示变量间的客观关系，从而使研究过程具备客观性与可重复性。定量分析应用范围广泛，通常涵盖以下核心步骤：问题定义、数据收集、数据清洗与整理、数据分析、结果解释与推断、结论形成与报告撰写。如果说定性分析侧重于探索与描述对象的内在属性与含义，那么定量分析则专注于对这些属性进行测量与量化。

用户研究中常见的定量分析方法包括描述性统计分析（如均值、标准差）、推断性统计分析（如t检验、方差分析）、回归分析、因子分析、聚类分析、相关分析以及基于大规模样本的调查研究（如问卷调查分析）等。在交互设计领域中，常用的统计学方法包括因子分析（如降维、识别潜在因子）、聚类分析（如用户分群）、回归分析（如预测关系）等。这些方法的核心价值在于将用户需求、行为、态度等转化为可量化的数据，通过对这些数据的系统性分析，最终输出更具普遍意义的用户画像与核心需求。此外，借助眼动仪、脑电仪等专业设备，研究者还可以采集用户行为、认知负荷等客观的认知与生理数据，辅助进行更深层次的定量研究。

定性研究在探索性阶段更能发挥作用，能生成关于用户行为、需求和设计可能性的初步设想与假设。定量分析则扮演着验证和完善这些假设的关键角色。通过收集更广泛的用户数据，定量分析能帮助研究者聚焦于用户群体层面的真实情况。由此可见，定量分析所测量的属性往往源自定性研究的探索性发现，二者相辅相成，且定量分析通常建立在定性分析所形成的理论框架或假设基础上。在设计决策过程中，由于定量分析依赖于更具代表性的用户数据样本，其分析结果通常能更贴合目标用户群体的普遍特征和真实需求，为设计优化提供更客观、量化的依据。

3.1.2 定量分析的主要功能

定量研究是系统化、客观化地采集与分析研究对象数据的过程。它依赖标准化的工具（如结构化问卷）或精密设备（如眼动仪、行为记录系统），收集用户在特定情境下的行为、偏好、态度、认知负荷等多维度的可量化信息。这些数据为揭示用户群体的整体特征与模式提供了坚实基础。值得注意的是，前期定性研究获得的深刻洞见（如关键用户痛点、行为动机）能有力指导定量研究的设计，例如帮助明确调查问卷的核心问题，筛选关键测量指标或定义实验的核心任务。

与定性分析侧重深度挖掘和探索的属性不同，定量分析更侧重于对已识别属性的验证与量化。它是一个对大样本数据进行筛选、浓缩与量化的过程。研究者通过系统的统计分析技术，验证从定性研究中提炼出的假设，或将复杂的用户行为与态度转化为可衡量、可比较的量化指标或显著特征。本质上，定量分析的核心在于处理数据：无论是直接采集的原始数值数据，还是将定性的观察或反馈编码为可量化的形式。在交互设计中，这种量化表达能力具有深远意义：它不仅深化了我们对用户行为、产品使用模式和设计效果的量化理解，也为设计方案的评估、优化提供了坚实的客观依据，是推动设计创新与技术进步的关键支撑力量。

在产品设计情境中，定量分析发挥着至关重要的作用：①**需求评估与优先级排序**，通过数据分析，如满意度评分、需求重要性排序、功能使用频率统计，可以量化评估用户各项需求的价值和紧迫性，明确功能优先级；②**关系探索与规律揭示**，运用回归分析、相关分析等方法，揭示用户行为、态度与产品功能/界面元素之间的关联关系甚至是在实验条件下的因果影响，发现用户行为的普遍模式；③**目标导向的设计决策支持**，以量化数据为基础，设计团队能够更客观地评估设计方案的优劣，验证设计假设的效果，驱动迭代优化，并为设计决策提供清晰、可追溯的数据支撑。数据已然成为现代交互设计工作流程中的核心驱动力之一。

3.1.3 定量分析的一般流程

一个完整的定量分析项目通常包含以下几个关键步骤。

第一步：确立研究目的与假设

该阶段依赖于前期定性研究的成果或对现有文献和问题的深入理解。研究者需要明确定量分析要解答的核心问题，例如，目标用户对拟新增功能的期望程度，不同界面布局对任务完成效率是否有显著影响。基于此提出具体、可验证的研究假设，例如，用户群体A比群体B对功能X的需求显著更高，布局B的任务完成时间显著低于布局A。

第二步：研究工具/实验设计

（1）应用层面（如设计评估、需求验证） 问卷调查是最常用且有效的工具。该环节需要精心设计问卷结构，筛选与变量密切相关的关键题项，确保信度与效度，并确定适当的抽样方法。

（2）研究层面（如认知、行为机制探索） 设计受控实验，如A/B测试、眼动实验、可用性测试。要求详细规划实验流程（如任务设计），确定实验刺激材料（如不同设计方案），选定测量指标（如任务完成时间、错误率、眼动热点图、问卷量表得分），招募符合要求的被试。

第三步：数据收集

按照设计好的方案规范地执行问卷发放与回收，或组织实验过程，确保采集到的数据真实、准确、完整。

第四步：数据分析

（1）基础分析 进行描述性统计（如频数、百分比、均值、标准差）以了解数据的分布与集中趋势，运用推断性统计（如t检验、方差分析、卡方检验）检验变量间的差异是否具有统计显著性。

（2）深入分析 采用多元统计方法揭示数据中潜藏的复杂结构与关系模式。例如，相关分析探索变量关系的强度与方向，回归分析预测变量影响力，因子分析降维并识别潜在维度，聚类分析划分用户群体。

第五步：结果解读与讨论

（1）解读 依据统计分析结果对研究假设进行严谨验证或拒绝，并结合设计背景解释数字背后的实际意义，避免仅报告统计结果；识别关键发现、潜在影响及局限性。

（2）讨论 撰写结构清晰的研究报告，总结核心洞见；将量化结论直接用于指导具体的设计决策，如确定功能优先级，优化界面布局，细分目标用户群体；将发现融入用户画像和需求文档，为后续设计迭代提供数据依据。

3.2 问卷题项设计

问卷调查作为交互设计中最常用、最具性价比的用户研究方法之一，能够快速收集大量用户的数据信息。它属于典型的定量研究方法，其核心价值在于将用户的行为、态度、偏好、需求等抽象信息转化为可量化的数值数据。通过对这些数据的统计与分析，设计师能够提炼用户的属性特征，构建用户画像，识别用户核心需求，验证设计假设，为后续的设计决策提供客观依据。

问卷题项设计是整个问卷调查取得成功的关键前提和奠基阶段，是将研究目标逐步操作化、具体化的过程。定量分析通常建立在定性分析的基础之上，因此，问卷题项设计必须紧密依托前期定性研究阶段所收集的丰富用户资料和初步挖掘出的需求信息。一个结构良好的问卷题项设计流程通常包含以下关键步骤。

（1）确定用户画像所需的用户特征框架 问卷调查不仅仅是对产品需求进行调研，还需要对使用产品的用户群体的特征进行调研，从而对目标用户群体的需求、行为模式、使用场景等用户特征进行精准分析。通常情况下，用户特征包括用户自然属性、社会属性、用户行为特征、用户场景以及用户目标等。

（2）确定基于定性分析的需求框架 整理定性研究中产生的、较为发散或需要广泛验证的第一次需求列表（表2-7）。并非所有需求都适合或需要进行问卷量化，我们需要对其进行筛选：选择对产品设计方向影响重大的需求；存在争议或不确定性（不同用户群体可能有显著差异）的需求，需要了解其在目标用户群体中的普遍程度和优先级；需要排除那些意义不大或已被定性研究充分验证为明确的需求，如基础功能必要项。

（3）需求初步归类与维度划分 筛选出的需求通常数量较多，且可能分属不同维度。为了避免问卷题项零散，增强其结构性，需要对需求进行逻辑归类，如归类为信息需求、学习需求、社交需求、审美需求、功能需求、情感需求等。参照用户画像框架和常见的问卷维度，确定问卷的核心维度，这些维度应能覆盖主要的研究目标。将归类后的需求合理地分配到相应的问卷维度下，作为具体题项设计的基础。

（4）设计具体题项 针对分配到每个维度下的需求或需要了解的信息点，设计清晰、无歧义、避免引导性的问卷题项。问卷题项应精练有效且简单易懂，避免用户疲劳导致所收集的数据质量下降。

3.2.1 人口属性及其题项设计

该维度旨在收集研究对象的人口属性信息，用于描述用户样本特征，进行用户分群对比分析，或解释行为、态度的差异。

（1）个人属性 描述个体固有或相对稳定的基本特征。典型题项：年龄、性别、人格特征、性格爱好、健康状况等。对于一些用户难以判断的题项，可以借助图表信息帮助用户快速理解题项的含义，如图3-1所示。

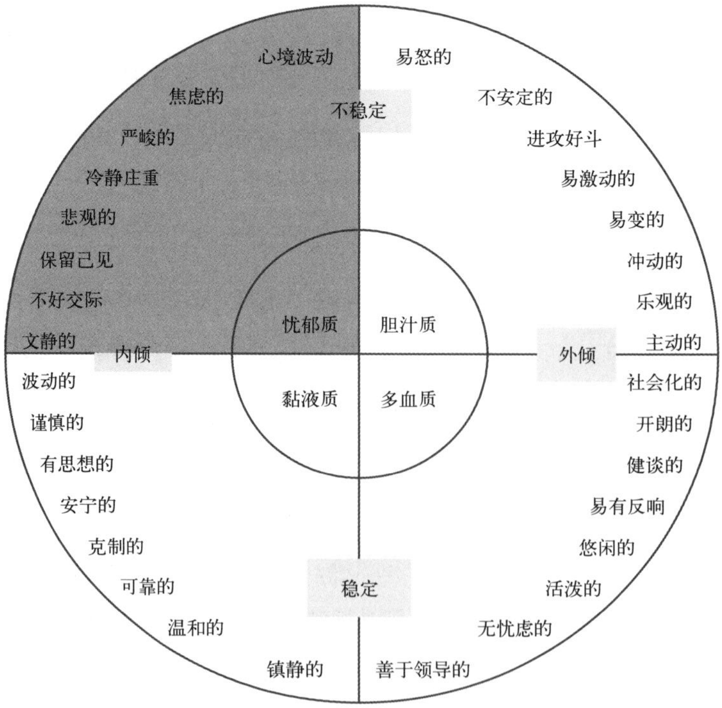

图3-1 人格特征题项设计

（2）社会属性 反映个体在社会中的位置、角色及归属，有助于理解用户所处的社会环境和群体规范对其需求和行为的影响，对于涉及社交、社区或文化情境的产品尤为关键。典型题项：最高学历、职业类别、个人或家庭的月收入或月支出、婚姻状态、主要使用的社交平台等。

3.2.2 用户使用产品属性及其题项设计

该维度旨在了解用户在特定领域或情境下的行为习惯、使用经验、所处场景信息以及对产品整体态度和意愿的用户目标。行为、场景及整体态度的题项有多种选择，但是一般设计1～2道题项，用以支持群体特征的区分即可。

（1）用户行为属性 指个体在特定情境下的行为举止与经验习惯，直接反映用户的实际操作模式和潜在能力，是划分用户类型（如新手、专家、普通用户）和设计符合实际使用路径的基础。典型题项：与研究对象紧密相关的领域的知识/经验，如对非遗（如嵌瓷）的了解程度，使用创作软件的经验；特定行为的频率，如平均多久进行一次手工艺术创作；消费习惯，如相关产品购买频率、预算、信息获取渠道偏好。

（2）用户使用场景属性 了解用户行为发生的典型情境或驱动因素，帮助设计师理解行为发生的上下文，从而设计出更贴合实际使用环境的交互方式。典型题项：发生特定行为的主要场所（如家中、通勤路上、工作场所）、时间点（如空闲时间、固定任务时）、伴随的活动、当时的状态（如紧迫、放松）等。

（3）用户目标属性 衡量用户对产品的整体态度，比如产品使用态度、使用意愿等。典型题项：对非遗类产品是否感兴趣，对一款能够利用AI帮助你进行非遗文创设计的产品是否感兴趣（1=完全不感兴趣，5=非常感兴趣）。这道题项可以用来区分目标用户群体与潜在目标用户群体等其他群体。一般情况下，可以将选择非常感兴趣和比较感兴趣的那部分人群作为目标用户群体，也可以结合用户行为属性选择专家用户作为目标用户群体。

3.2.3 用户需求测量及其题项设计

该维度直接针对前期第一次需求列表中需量化和验证的需求，通常使用5点Likert量表进行测量。

需求偏好属性：为衡量用户对产品的特定需求进行重要性或满意度测量，确定需求优先级，识别核心痛点和兴奋点，指导功能设计与资源分配。典型题项如下。

① 在嵌瓷体验App中，能够“快速获取嵌瓷的基本信息（如历史、代表作）”对您来说有多重要？（1=非常不重要，5=非常重要）

② 您希望在使用嵌瓷体验App进行学习时，加入“游戏化学习体验”（如闯关、积分）功能吗？（1=非常不希望，5=非常希望）

③ 您认为将现代设计与传统嵌瓷文化元素相结合，对于吸引年轻人参与非遗传承重要吗？（1=完全不重要，5=非常重要）

3.2.4 嵌瓷体验App问卷题项设计

问卷题项应精练有效，避免用户疲劳导致数据质量下降。一般而言，面向普通用户的问卷控制在20～30题较为合理。如研究对象较为复杂，也应尽量控制在40题以内。一般要求回收的样本量达到需求测量题数量的5～10倍，样本量越多，说服力越强。在嵌瓷体验App设计中，所有问卷题项如表3-1所示。

表3-1　嵌瓷体验App的问卷题项设计

问卷维度	题项
个人属性	A1. 性别：男=1；女=2 A2. 您的年龄段：18以下=1；18～25=2；26～35=3；36～45=4；45以上=5
社会属性	A3. 您的最高学历：初中及以下=1；高中/中专=2；本科/大专=3；硕士及以上=4 A4. 您的职业是：学生=1；公职人员=2；民营企业员工=3；自由职业=4；手工艺从业者=5；教师/学术工作者=6；其他=7 A5. 您的月均可支配收入（元）：1000以下=1；1000～2000=2；2000～3000=3；3000～5000=4；5000以上=5

续表

<table>
<tr><th>问卷维度</th><th colspan="2">题项</th></tr>
<tr><td>用户行为属性</td><td colspan="2">B1. 用户对非遗的了解程度、用户在日常学习过程中进行艺术创作的频率：职业/专业从事=1；业余爱好者=2；偶尔尝试=3；仅观赏/从未实践=4
B2. 对创作工具的了解程度：非常不熟悉，不熟悉=1；一般，精通，非常精通=2</td></tr>
<tr><td>用户场景属性</td><td colspan="2">C1. 用户在什么场景下使用非遗类App：工作=1；日常兴趣=2；旅游时=3；其他有关非遗事件发生时=4；没有或其他=5</td></tr>
<tr><td>用户目标属性</td><td colspan="2">D1. 对非遗类产品感兴趣吗？非常不，比较不，一般=1；比较感兴趣，非常感兴趣=2
D2. 对AI支持的非遗类线上与线下相结合的产品感兴趣吗？非常不，比较不，一般=1；比较感兴趣，非常感兴趣=2</td></tr>
<tr><td rowspan="3">需求偏好属性</td><td>体验前</td><td>快速获取嵌瓷的基本信息，快速识别嵌瓷文化亮点，完成教学活动要求，寻找可视化学习素材，寻找系统知识入口，获得即时的文化解读，建立文化认同感，激发参与兴趣，寻找体验渠道</td></tr>
<tr><td>体验中</td><td>获得成就感，制造社交分享素材，了解嵌瓷历史、工艺流程和文化，获得圈层认可，亲手感受工艺难度与艺术魅力，实现审美表达，获得游戏化学习体验，推进学术研究，探索现代转化路径</td></tr>
<tr><td>体验后</td><td>通过消费支持非遗传承，获得精美文创，获得稀缺性体验，嵌瓷文化库存档，持续获得文化归属感，参与非遗活态传承，塑造文化人设/建立个人IP，深化专业能力，获得研究进程，获取发展资源</td></tr>
</table>

3.3 Kano模型与Better-Worse分析

3.3.1 Kano模型：理解需求的层次与满意度的关系

通过大样本问卷的直接需求测量，可以对各个需求进行量化。但随着市场竞争的加剧和用户需求的多元化发展，产品设计师还需要解决如何在有限的资源和时间内精准把握用户核心需求和区分需求优先级的挑战。Kano模型能够有效帮助设计团队识别不同类型用户需求的特征，理解其对用户满意度的差异化影响，从而在产品设计中做出更明智的决策。

Kano模型由日本学者狩野纪昭（Noriaki Kano）于1984年提出。该模型的核心在于揭示了用户需求的满足程度与用户满意度之间并非简单的线性关系。不同类型的需求，即使得到同等程度的满足或未被满足，对用户满意度的影响也截然不同。Kano模型的价值在于：①**洞察需求本质**，帮助设计师超越表面的功能清单，深入理解不同需求对用户的内在价值；②**区分需求优先级**，为资源分配提供依据，明确哪些需求是必须满足的（必备型），哪些能显著提升满意度（期望型），哪些能带来惊喜（兴奋型）；③**指导设计策略**，明确产品定位，指导功能规划与设计重点，避免过度设计或遗漏关键需求；④**识别创新机会**，关注兴奋型需求，是产品差异化竞争和创新的重要来源。

Kano模型将影响用户满意度的因素（通常是产品功能或服务特性）分为以下五类。

（1）兴奋型需求　也称为魅力需求或惊喜点，用户通常并未明确表达的需求或没有预期产品会提供这些功能。当需求被满足时，用户会感到惊喜和高度满意，显著提升忠诚度和口碑；而当需求未被满足时，用户并不会不满，因为本就没有期待。例如，智能手机初代的指纹解锁、电商的个性化推荐算法、软件中意想不到的贴心小功能。在交互设计中，创新的交互方式、超出预期的情感化反馈、智能化的上下文帮助等都可能成为兴奋型需求。

（2）期望型需求　也称为线性需求或痒点，用户对这些需求有明确的期望。需求被满足的程度与用户满意度的提升成正比；反之，需求未被满足的程度与用户满意度的下降也成正比。用户通常能够清晰地表达这类需求。例如，手机的拍照质量、软件的运行速度、电商的配送时效。在交互设计中，任务流程的效率、操作的便捷性、信息的清晰度等往往都是期望型需求。

（3）必备型需求　用户认为这些需求是产品理所当然应该具备的。当需求被满足时，用户不会表现出特别满意，因为该功能被视为应该的，但一旦需求未被满足，用户会感到极度不满，满意度急剧下降。例如，手机的通话功能、支付系统的安全性、软件的稳定性。在交互设计中，界面元素的可点击性、基本功能的可用性、错误信息的明确提示等通常属于此类。

（4）无差异需求　无论产品提供或不提供这些功能和服务，用户都不关心，对其满意度几乎没有影响。满足这类需求不会带来价值提升，反而可能浪费资源。例如，某些极少被使用的设置选项、过度复杂的统计图表。设计师应尽量避免投入过多精力在此类需求上。

（5）反向型需求 用户根本不需要甚至反感这些功能和服务，提供它们反而会降低用户满意度。例如，过多的强制弹窗广告、无用的新手指引、冗余且无法关闭的通知、与核心功能无关的复杂特性堆砌。设计师需敏锐识别并坚决避免此类设计。

在产品设计中，应优先确保必备型需求被充分满足，避免用户不满。努力提升期望型需求的满足程度，并积极探索和实现兴奋型需求，创造惊喜和差异化。同时，避免在无差异需求上浪费资源，坚决剔除反向型需求。Kano模型为理解用户体验的构成提供了结构化视角。

3.3.2 Kano模型的应用流程：从问卷到决策

Kano模型的实施通常通过结构化的问卷调查和数据分析来完成，由以下几个步骤组成。

（1）正反问卷题项设计 由Kano模型对每种类型需求的定义可知，每种类型的需求可以通过一对正向和反向的题项进行表达。

正向题项：如果产品提供了“功能X”，您觉得如何？

反向题项：如果产品没有提供“功能X”，您觉得如何？

每个问题提供相同的5个选项，用于捕捉用户的不同反应强度：非常喜欢、理所当然、无所谓、勉强接受、很不喜欢。

（2）数据处理与需求类型判断 收集问卷数据后，对每个功能点的每份问卷（即每对正反问题的回答组合）进行判断。

使用标准的Kano评价对照表（表3-2），根据用户对正向问题和反向问题的具体选择组合，确定该功能对于该用户所属的需求类型（M、O、A、I、R、Q）。横向表示的是用户对反向问题（未提供该功能）的回答，纵向表示的是用户对正向问题（提供该功能）的回答。例如，一个用户对“版本历史”功能的回答，正向问题是非常喜欢，反向问题是无所谓，正向“非常喜欢”列与反向“无所谓”行的交叉点为A，即该需求为兴奋型需求。一般情况下，选择比例最高的需求类型作为该功能在整个目标用户群体中的主导需求属性。例如，如果统计结果显示“版本历史”功能有50%的用户认为是A（兴奋型），30%认为是O（期望型），15%认为是M（必备型），则其主导需求属性为A（兴奋型）。

表3-2 Kano需求类型评价对照表

问题选项		正向问题				
		非常喜欢	理应如此	无所谓	勉强接受	很不喜欢
反向问题	非常喜欢	Q（可疑）	R（反向型）	R（反向型）	R（反向型）	R（反向型）
	理应如此	I（无差异）	I（无差异）	I（无差异）	I（无差异）	M（必备型）
	无所谓	A（兴奋型）	A（兴奋型）	I（无差异）	I（无差异）	M（必备型）
	勉强接受	A（兴奋型）	O（期望型）	O（期望型）	M（必备型）	M（必备型）
	很不喜欢	A（兴奋型）	O（期望型）	O（期望型）	O（期望型）	Q（可疑）

如果出现逻辑上不太可能或矛盾的组合，如正向“很不喜欢”+反向“非常喜欢”，则标记为Q（可疑），表示用户对正向和反向问题的回答组合在逻辑上存在矛盾，这可能源于用户的理解有误、随意作答或极端偏好。通常，在数据分析时会考虑剔除这类数据。因为正反问卷能够检测出可疑结果，所以可以在问卷调查中用来检测可疑样本。删掉可疑样本往往可以提高问卷的信度与效度。

3.3.3 Better-Worse系数分析：量化需求优先级

在获得主导需求类型后，为了更精确地量化其优先级和影响力，通常会进一步计算其Better-Worse系数。Better-Worse系数提供了比单纯看需求类型比例更具操作性的指导。Better指的是增加该需求后的满意系数（satisfaction increment，SI），表示提供该功能后，能在多大程度上提升用户满意度。Better系数值在0到1之间，值越大，表示该功能对提升满意度的效果越强，尤其是对A、O需求。Worse指的是消除该需求后的不满意系数（dissatisfaction increment，DSI），表示未提供该功能时，会在多大程度上降低用户满意度。Worse系数值在0到-1之间，取绝对值进行解释，绝对值越大，表示该功能的缺失对用户满意度的负面影响越大，尤其是对M、O需求。它们的计算公式如下。

$$\text{Better (SI)} = (A+O)/(A+O+M+I) \tag{3-1}$$

$$\text{Worse (DSI)} = -1\times(O+M)/(A+O+M+I) \tag{3-2}$$

式中，A是认为该功能是兴奋型（A）的用户比例，O是认为该功能是期望型（O）的用户比例，M是认为该功能是必备型（M）的用户比例，I是认为该功能是无差异型（I）的用户比例。反向型（R）和可疑（Q）的用户比例通常不计入公式或单独处理。

计算出每个功能的Better和Worse系数后，可以在二维坐标系（Better-Worse系数图）中绘制出来（图3-2），横轴为Worse系数（绝对值），纵轴为Better系数。根据点的落位区域进行解读如下。

第一象限（高Better，高|Worse|）：期望型需求（O），提供能显著提升满意度，不提供则显著降低满意度；应重点优化和提升其质量/体验。

第二象限（高Better，低|Worse|）：兴奋型需求（A），提供能带来惊喜和高满意度，不提供也不会引起不满；是差异化竞争和创新投入的重点，在资源允许时优先实现。

第三象限（低Better，低|Worse|）：无差异需求（I），提供与否对满意度的影响都很小；应尽量避免投入资源。

第四象限（低Better，高|Worse|）：必备型需求（M），提供是理所当然（不提升满意度），不提供则会引起强烈不满；必须首先确保其被充分满足，这是产品的“门槛”。

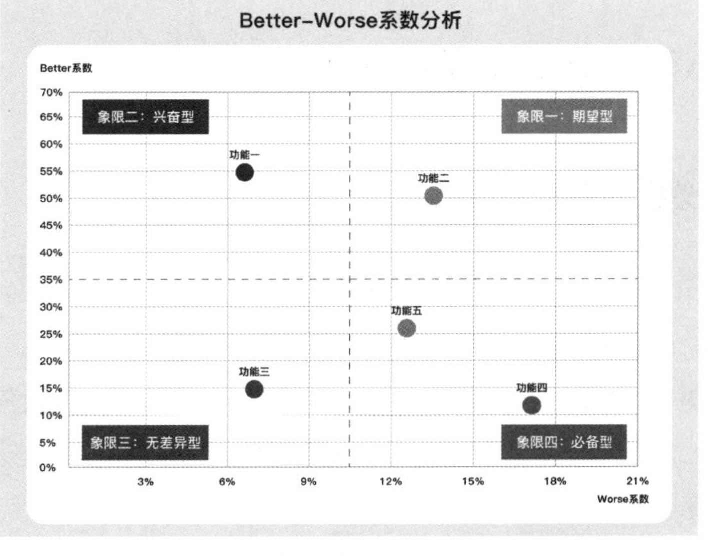

图3-2 Kano模型的Better-Worse系数图

设计决策依据：Better-Worse系数图直观展示了各功能对用户满意度的潜在影响强度和方向，是制定开发优先级、资源分配和设计决策的有力工具。

Kano模型及其Better-Worse系数分析为交互设计师在产品设计和需求管理过程中提供了一套科学且实用的工具，它帮助设计团队：①**超越主观臆断**，通过结构化的用户调研，客观识别用户需求的真实类型（必备型、期望型、兴奋型等）；②**洞察用户期望**，理解不同需求满足与否对用户满意度的非线性影响机制；③**明确优先级排序**，基于Better-Worse系数，量化评估各功能对满意度的贡献和风险，为“做什么”和“先做什么”提供数据驱动的决策依据；④**聚焦核心价值**，确保基本功能稳固（避免不满），优化核心体验（提升满意度），探索创新惊喜（赢得忠诚），避免资源浪费（剔除无差异和反向需求）；⑤**指导设计策略**，为不同类别的需求设计不同的实现和优化策略（如必备型需求强调可靠性，期望型需求优化效率，兴奋型需求追求创新和情感共鸣）。

在交互设计实践中，特别是在产品功能规划、版本迭代和设计评审阶段，Kano模型分析能够有效弥合用户期望与设计实现之间的鸿沟，是构建卓越用户体验的关键环节之一。将Kano模型分析与定量分析（如因子分析、聚类分析）和定性研究（如用户访谈、可用性测试）结合使用，能更全面地洞察用户需求，优化产品设计决策。

3.4 核心需求提炼与因子分析

3.4.1 因子分析的基本原理

在定量分析阶段，从大量问卷数据中提炼出最具代表性和关键性的用户需求是设计决策的核心环节。主成分分析法（principal component analysis，PCA）是一种常用的数据降维技术，它通过将原始数据投影到新的坐标系来最大化数据方差，从而识别关键维度。然而，PCA主要关注变量间的线性关系，对潜在的复杂因果关系和非线性模式的捕捉有限。

因子分析作为PCA的扩展方法，是统计学中最常用的量化研究方法之一，用于找出多元观测变量的本质结构，在解释复杂用户需求数据方面展现出更强的灵活性和解释力。它深入挖掘数据的内在结构和潜在模式，能够识别用户需求背后隐藏的公因子。公因子代表了问卷中多个相关需求项所共同反映的、更抽象的核心需求维度。通过对问卷数据降维处理，将散乱的具体用户需求整合为少数几个关键公因子体系，因子分析为设计师聚焦核心需求、聚焦产品设计方向提供了强有力的量化依据。

因子分析在用户研究领域具有重要价值：①**揭示需求本质结构**，它帮助设计师超越庞杂的具体需求列表，洞察用户需求的潜在逻辑和相互关联，识别出驱动用户行为的根本因素，例如，在电商网站研究中，分析用户的浏览、搜索、加购、购买等行为数据，能提炼出“效率导向购物”“探索型购物”“社交型购物”等核心行为模式，为界面布局和功能设计提供依据；②**简化复杂需求**，通过降维，将大量需求项浓缩为少数几个具有代表性的核心需求因子，使设计目标更加清晰、聚焦；③**指导设计决策**，清晰的核心需求因子为产品功能规划、优先级排序和信息架构设计提供了客观的数据支撑；④**提升研究效率**，因子分析的结果为后续的用户分群（如聚类分析）提供了基础维度，使研究流程更加连贯高效。

3.4.2 因子分析的SPSS操作

因子分析的基石是需求测量题项的数据，问卷中围绕用户需求偏好设计的问题项（量表题）是进行因子分析的原材料，不包含问卷题项设计中用户特征部分的题项。为了确保因子分析结果的稳定性和解释力，需求测量维度的题项数量应足够多，通常建议包含至少25道有效量表题。题项过少可能会导致提取的公因子代表性不足，限制分析价值。

接下来以嵌瓷体验App的问卷数据为例，讲述具体的因子分析操作过程。本书采用SPSS 27，关于SPSS的详细操作可自行学习，本书只简单介绍用到的一些操作，不对SPSS操作进行系统的教学。

①“文件”→“打开”→“数据”→选择文件→“打开”，然后就能看到图3-3所示的数据编辑界面，SPSS支持导入“.xlsx”或者“.sav”等格式的文件。图中的数字代表了量表题（定量变量）中的选项，从“1=非常不重要”到“5=非常重要”。

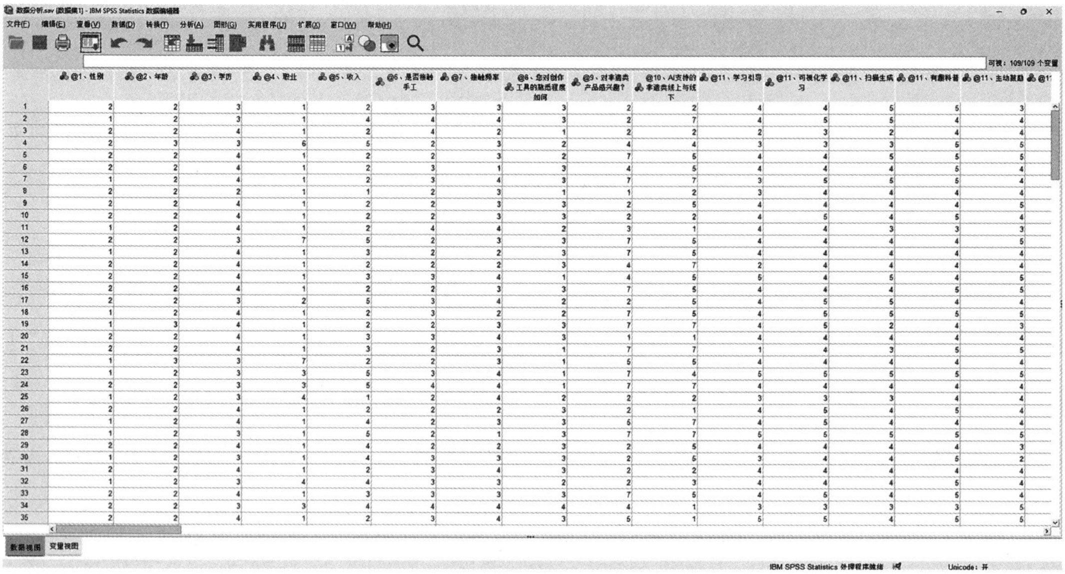

图3-3　SPSS打开文件操作

②“分析”→“降维”→“因子”，然后选择左边的所有需求测量变量（图3-4），转到右边，以便进行因子分析。

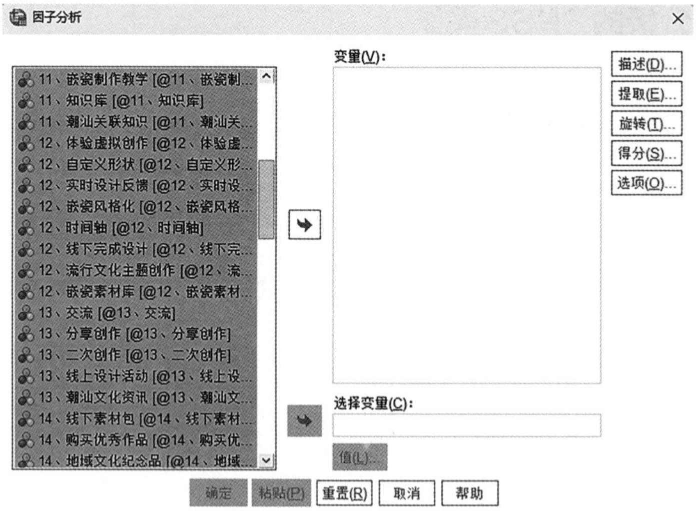

图3-4　SPSS因子分析操作

③ 详细的参数设置如图3-5所示，设置完成后点击“确定”，SPSS就会输出相应的数据报告，提取相关的结果即可进行数据分析并撰写报告。

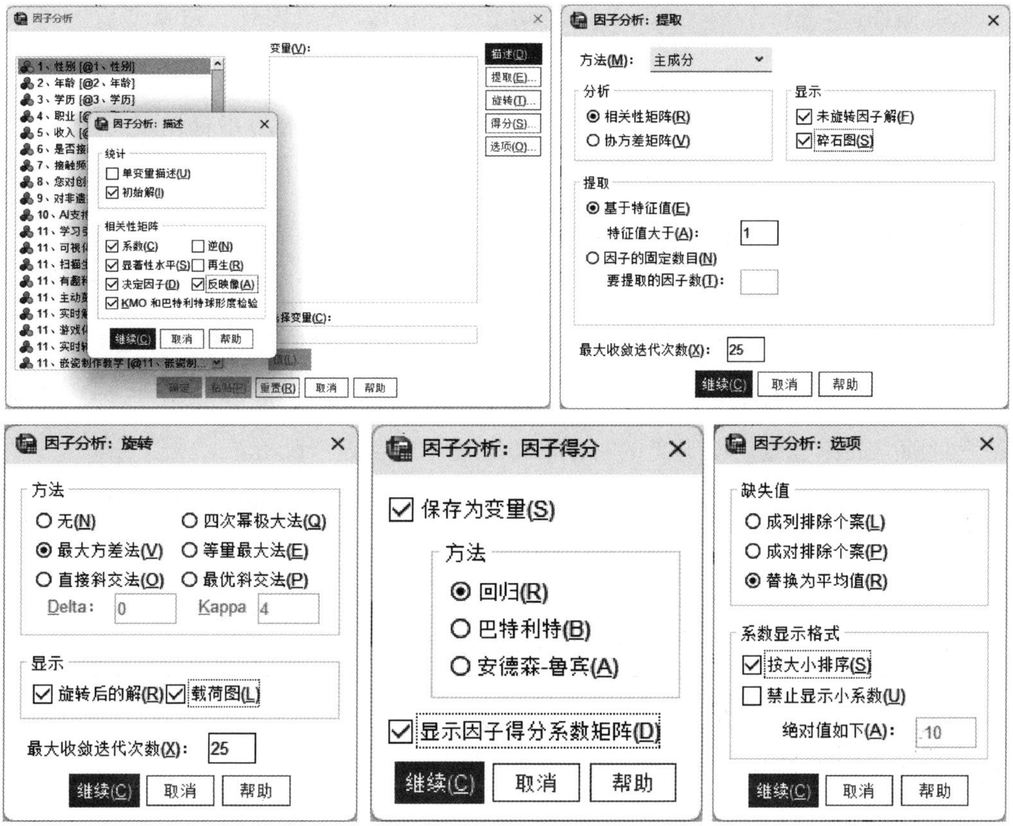

图3-5　SPSS因子分析参数设置

3.4.3　因子分析的报告撰写

（1）信度和效度检验　此次问卷调查旨在了解用户对嵌瓷文化App的需求偏好，覆盖人口统计、非遗经验、App使用目的及具体功能需求等维度，共收集有效样本221份。人口统计特征部分包括性别、年龄、学历、职业和收入，结果显示样本以年轻、高学历群体为主；非遗相关经验部分主要评估用户对嵌瓷等手工活动的接触频率和技术能力，结果显示多数用户为初学者或未实践者，创作工具使用技能基础薄弱；App使用目的偏好部分主要分析用户在不同场景下的核心需求，结果显示用户在旅游中以购物和娱乐为主，在学习中以知识获取为核心。

在进行因子分析之前，需要对数据进行信度和效度检验，以确保数据的内部一致性（信度）以及数据是否适合进行因子分析（效度）。

SPSS操作："分析"→"刻度"→"可靠性分析"，将量表题（定量变量）导入并进行信度分析。

信度检验（可靠性分析）：评估量表的内部一致性。常用指标是克隆巴赫系数（Cronbach's alpha），通常要求系数不低于0.7，低于该值则需考虑量表设计或数据质量是否有问题。在本案例中，克隆巴赫系数为0.892，远高于0.7，表明数据信度良好。

效度检验（KMO与Bartlett球形检验）：评估数据是否适合进行因子分析。KMO值大于0.6表示适合（越接近1越好）；Bartlett球形检验显著性（P值）小于0.05表示拒绝变量独立的原假设，说明变量间存在相关性，适合因子分析。

如表3-3所示，$KMO=0.892>0.6$，Bartlett球形检验$P<0.001$，表明数据非常适合因子分析。

表3-3　KMO和Bartlett球形检验

KMO取样适切性量数		0.892
Bartlett球形检验	近似卡方	2835.018
	自由度	561
	显著性	<0.001

（2）公因子方差　公因子方差为每个变量的初始共同性以及PCA提取主成分后的共同性，表示各个因子对变量的影响力。提取值越高，表明该变量与其他变量共享的信息越多，在因子分析中越重要。提取值越低，表示该变量不适合投入PCA中，可以根据实际数据情况设定一个阈值（通常为0.5），将低于0.5的公因子方差剔除，并重新进行因子分析，直到所有值都大于0.5。

如表3-4所示，每个变量被公因子解释的程度在0.481到0.752之间。提取值反映了变量被公因子解释的程度，通常认为提取值大于0.5表示变量能被公因子较好地解释。本例中，多数变量的提取值大于0.5，仅有一个变量的提取值为0.481，略低于0.5但非常接近。考虑到该需求项在定性研究中的重要性较高，且整体公因子解释效果良好（见下文总方差解释），所以在本例中将保留该项需求。在实际研究中，可根据具体情况决定是否剔除提取值过低的需求项。

表3-4 公因子方差

问卷题项	初始值	提取值
我对嵌瓷知识比较模糊，如果有系统的知识体系学习引导，我会很喜欢	1.000	0.588
仅从文字无法想象嵌瓷的艺术表现，如果有可视化的学习素材，我会很喜欢	1.000	0.752
不同场景下嵌瓷的寓意不同，如果能扫描传统嵌瓷生成相关知识，我会很喜欢	1.000	0.677
常规的知识文献不利于记忆，如果有更有趣味性的科普方式，我会很喜欢	1.000	0.657
在学习过程中，如果有人能主动鼓励我学习，我会很喜欢	1.000	0.727
在学习过程中产生疑问，如果有老师为我实时解答，我会很喜欢	1.000	0.576
非遗的学习过程比较枯燥，如果能通过游戏体验学习，我会很喜欢	1.000	0.576
对于非潮汕话使用者，如果有实时的方言转译，我会很喜欢	1.000	0.678
嵌瓷的拼贴流程比较复杂，如果有嵌瓷制作教学，我会很喜欢	1.000	0.736
嵌瓷相关的资料比较散乱，如果有完整的嵌瓷知识库（分类清晰、内容权威），我会很喜欢	1.000	0.721
如果能了解嵌瓷与潮汕民俗（如妈祖文化）的关联知识，我会很喜欢	1.000	0.570
在进行真实瓷片拼接前，如果能体验虚拟嵌瓷创作，我会很喜欢	1.000	0.600
比起使用标准瓷片形状，如果能加入自定义的瓷片形状进行创作，我会很喜欢	1.000	0.641
在我进行嵌瓷创作时，如果有老师实时提供设计反馈，我会很喜欢	1.000	0.612
如果能将我选择的照片生成嵌瓷风格化参考，我会很喜欢	1.000	0.642
如果能将我的创作过程记录下来并生成时间轴，我会很喜欢	1.000	0.665
如果能在线下实际完成我的虚拟嵌瓷设计，我会很喜欢	1.000	0.607
如果能进行现代流行文化主题的嵌瓷创作，我会很喜欢	1.000	0.688
如果有嵌瓷素材库（含经典纹样和设计说明），我会很喜欢	1.000	0.656
如果我能与更多嵌瓷爱好者交流，我会很喜欢	1.000	0.605
在我创作完嵌瓷作品后，如果能向他人分享我的创作，我会很喜欢	1.000	0.523
当我看到别人的好作品后，如果能在上面进行二次创作，我会很喜欢	1.000	0.636
如果有线上嵌瓷设计活动，我会很喜欢	1.000	0.581
除了嵌瓷知识，如果能了解到关联的潮汕传统文化资讯，我会很喜欢	1.000	0.720
在我完成数字嵌瓷设计后，如果能在线下定制素材包实现我的嵌瓷作品，我会很喜欢	1.000	0.568
如果我能有机会购买他人的优秀嵌瓷作品，我会很喜欢	1.000	0.616

续表

问卷题项	初始值	提取值
如果能购买到带有地域文化特色的嵌瓷纪念品，我会很喜欢	1.000	0.654
在我完成嵌瓷作品后，如果能将作品转化为实体文创产品，我会很喜欢	1.000	0.580
在购买嵌瓷素材包时，如果使用的是环保材料，我会很喜欢	1.000	0.592
如果能购买到与现代文化IP联动嵌瓷周边产品，我会很喜欢	1.000	0.649
如果能了解到传统嵌瓷作品背后所表现的故事和其表达的精神，我会很喜欢	1.000	0.481
如果能将我的个人故事以嵌瓷的形式表现出来，我会很喜欢	1.000	0.645
如果有类似称号的嵌瓷创作成就奖励，我会很喜欢	1.000	0.508
如果我的作品完成后能被展馆收藏，我会很喜欢	1.000	0.548

（3）因子提取与公因子数量 碎石检验是将特征根以图示形式展示（图3-6），主要用于辅助判断需要提取的公因子数量。图3-6中横轴为因子序号，纵轴为对应的特征根值。通常选择特征根值大于1或位于图形拐点（斜率明显变缓处，如图中第7个因子之后）之前的因子。本例中，在第7个因子处出现拐点，前7个因子的特征根值下降明显，之后趋于平缓，因此考虑提取7个公因子。

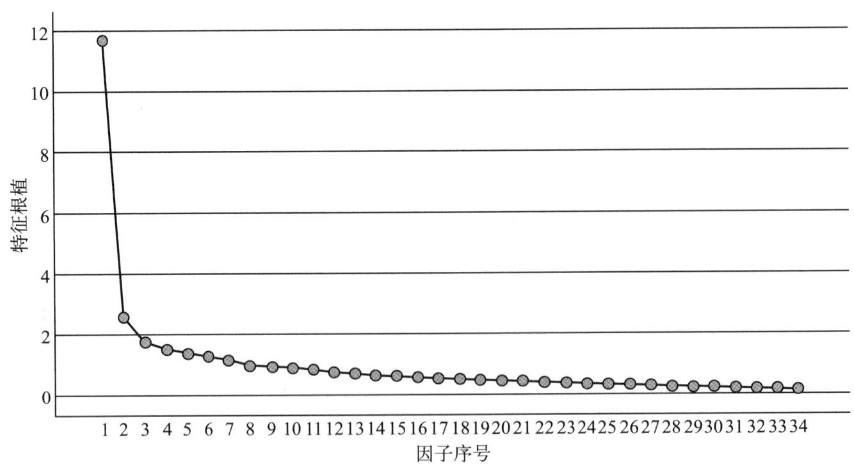

图3-6 碎石图

除了碎石检验方法之外，也可以通过计算总方差解释来评估能否有效地代表原有变量，总方差解释是量化所提取公因子的解释能力。如表3-5所示，7个公因子累计解释了原始数据62.579%的方差，说明7个公因子能够提取34个分析项62.579%的信息量，这在社会科学领域通常被认为是可以接受的解释水平，表明这7个因子能较好地代表原始需求信息。在设计学领域，一般总方差解释达到60%以上，就可以认为提取的公因子具有较好的代表性。通过提取关键的公因子，将多个变量简化为几个核心因子，从而降低分析的复杂性和成本。此外，提取出的公因子可以作为后续聚类分析和回归分析的基础数据。

表3-5 总方差解释

成分	初始特征值			提取载荷平方和			旋转载荷平方和		
	特征值	方差贡献率/%	累积贡献率/%	特征值	方差贡献率/%	累积贡献率/%	特征值	方差贡献率/%	累积贡献率/%
1	11.691	34.385	34.385	11.691	34.385	34.385	4.793	13.938	13.938
2	2.541	7.472	41.857	2.541	7.472	41.857	3.805	11.191	25.129
3	1.737	5.110	46.967	1.737	5.110	46.967	3.276	9.637	34.765
4	1.518	4.465	51.432	1.518	4.465	51.432	2.827	8.314	43.079
5	1.360	3.999	55.430	1.360	3.999	55.430	2.764	8.129	51.208
6	1.284	3.777	59.207	1.284	3.777	59.207	1.951	5.738	56.946
7	1.146	3.372	62.579	1.146	3.372	62.579	1.915	5.633	62.579
8	0.973	2.861	65.440						
9	0.928	2.730	68.170						
10	0.882	2.593	70.762						
11	0.815	2.396	73.158						
12	0.736	2.165	75.323						
13	0.690	2.030	77.352						
14	0.642	1.888	79.240						
15	0.619	1.821	81.061						
16	0.575	1.691	82.753						
17	0.529	1.557	84.309						
18	0.514	1.513	85.822						

续表

成分	初始特征值			提取载荷平方和			旋转载荷平方和		
	特征值	方差贡献率/%	累积贡献率/%	特征值	方差贡献率/%	累积贡献率/%	特征值	方差贡献率/%	累积贡献率/%
19	0.474	1.394	87.216						
20	0.461	1.355	88.571						
21	0.433	1.274	89.844						
22	0.409	1.204	91.049						
23	0.372	1.094	92.142						
24	0.342	1.006	93.149						
25	0.330	0.970	94.119						
26	0.307	0.903	95.022						
27	0.283	0.832	95.854						
28	0.251	0.739	96.593						
29	0.244	0.716	97.310						
30	0.226	0.665	97.974						
31	0.206	0.607	98.581						
32	0.175	0.515	99.096						
33	0.160	0.470	99.566						
34	0.148	0.434	100.00						

（4）因子旋转与解读 采用最大方差法进行因子旋转，使因子载荷结构更清晰，便于解释。旋转后得到的矩阵（表3-6）显示了每个原始需求项在7个公因子上的载荷（相关系数）。

表3-6 旋转后的成分矩阵

因子	公因子1	公因子2	公因子3	公因子4	公因子5	公因子6	公因子7
嵌瓷风格化	0.752	0.102	0.166	0.156	0.040	0.022	0.114
流行文化主题创作	0.727	0.331	0.175	0.004	0.121	0.047	0.050

续表

因子	公因子1	公因子2	公因子3	公因子4	公因子5	公因子6	公因子7
线下完成设计	0.718	0.135	0.154	0.146	0.112	0.077	0.096
自定义形状	0.653	0.060	0.326	0.287	-0.035	0.137	0.045
游戏化	0.612	0.015	0.154	0.152	0.033	0.298	0.254
体验虚拟创作	0.594	0.228	0.138	0.365	0.186	-0.090	0.022
实时设计反馈	0.578	0.104	0.097	0.152	0.333	0.287	-0.203
环保材料	0.085	0.727	0.155	0.090	0.131	-0.059	-0.061
地域文化纪念品	0.158	0.701	0.314	0.054	0.091	-0.056	0.158
转化为文创产品	0.175	0.682	0.149	0.143	0.063	0.161	0.108
购买优秀作品	0.050	0.649	0.047	0.008	0.246	0.360	-0.021
线下素材包	0.275	0.474	0.018	0.122	0.213	0.003	0.455
了解故事精神	0.261	0.469	0.242	0.218	0.179	0.108	0.208
IP联动	0.385	0.466	0.375	-0.199	0.214	0.223	0.088
知识库	0.251	0.268	0.707	0.157	0.175	0.100	0.145
潮汕关联知识	0.163	0.232	0.630	0.195	0.138	0.187	0.005
嵌瓷制作教学	0.225	0.109	0.628	0.362	0.135	0.174	0.316
时间轴	0.414	0.271	0.615	-0.050	0.191	0.054	0.002
嵌瓷素材库	0.319	0.377	0.535	0.237	0.035	0.072	0.251
可视化学习	0.371	0.090	0.069	0.749	0.106	-0.002	0.173
扫描生成	0.357	0.008	0.188	0.702	-0.026	0.137	0.046
学习引导	-0.039	0.354	0.188	0.580	0.222	0.147	-0.134
有趣科普	0.421	0.075	0.119	0.561	0.049	0.035	0.376
二次创作	0.086	0.040	-0.006	-0.040	0.766	0.071	0.183
线上设计活动	0.092	0.215	0.301	0.019	0.636	0.067	0.164
潮汕文化资讯	0.176	0.267	0.430	-0.013	0.623	-0.117	0.178
分享创作	0.015	0.136	0.125	0.312	0.600	0.177	0.005
交流	0.432	0.272	-0.018	0.202	0.544	0.042	-0.073
主动鼓励	0.108	0.081	0.243	0.207	0.064	0.774	-0.059
个人故事	0.285	0.256	-0.065	-0.161	0.270	0.571	0.262

续表

因子	公因子1	公因子2	公因子3	公因子4	公因子5	公因子6	公因子7
实时解答	0.138	0.000	0.399	0.375	0.034	0.449	0.234
实时转译	0.005	0.031	0.213	0.140	0.220	0.025	0.752
成就奖励	0.269	0.355	0.117	-0.111	0.205	0.264	0.415
展馆	0.099	0.360	0.266	0.217	-0.043	0.376	0.385

公因子的命名需结合专业知识和对高载荷项（通常载荷绝对值>0.5）共同反映的核心主题进行提炼，具有一定主观性。表3-7展示了基于7个公因子载荷矩阵的归类结果及命名建议，这些核心需求维度为后续用户分群（聚类分析）提供了基础框架。例如，公因子1可以命名为“嵌瓷设计”，也可以命名为“创作体验”。这一命名不仅代表了一组具体需求项，更指向了设计师在这个维度上的核心关注点或思维方式。如果将其命名为“创作体验”，则意味着其他未包含在下列具体需求项中但与“创作体验”相关的需求，也应当在后续设计中被纳入考量范围。因此，公因子实际上为设计师识别和挖掘潜在需求提供了一个重要的方向和框架。

表3-7　公因子归类与命名

公因子	因子	因子载荷量
公因子1：创作体验	嵌瓷风格化	0.752
	流行文化主题创作	0.727
	线下完成设计	0.718
	自定义形状	0.653
	游戏化	0.612
	体验虚拟创作	0.594
	实时设计反馈	0.578
公因子2：作品价值	环保材料	0.727
	地域文化纪念品	0.701
	转换为文创产品	0.682
	购买优秀的他人虚拟作品	0.649

续表

公因子	因子	因子载荷量
公因子2：作品价值	线下素材包	0.474
	作品故事精神	0.469
	IP联动	0.466
公因子3：非遗知识	知识库	0.707
	潮汕关联知识	0.630
	嵌瓷制作教学	0.628
	学习的时间轴	0.615
	嵌瓷的素材库	0.535
	潮汕文化资讯	0.430
公因子4：学习体验	可视化学习	0.749
	扫描生成	0.702
	学习引导	0.580
	有趣科普	0.561
	实时解答	0.375
公因子5：社区交流	二次创作	0.766
	线上设计活动	0.636
	分享创作	0.600
	交流	0.544
公因子6：情感需求	主动鼓励	0.774
	个人故事	0.571
公因子7：作品展示	成就奖励	0.415
	展馆	0.385

通过因子分析，我们成功地将34个具体的需求偏好项归纳为7个核心需求维度：创作体验、作品价值、非遗知识、学习体验、社区交流、情感需求、作品展示。因子分析是连接定量问卷数据和核心设计洞见的关键桥梁。它通过科学的统计方法，将用

户庞杂的需求表达提炼为少数几个具有代表性和解释力的核心需求因子，使设计师能够更清晰地把握用户期望的本质，从而在产品设计中做出更聚焦、更符合用户根本需求的决策。结合接下来的用户聚类分析，这些核心需求因子将进一步指导我们构建精准的用户画像，为最终的设计实践奠定坚实基础。

3.5　用户需求偏好与聚类分析

在通过因子分析成功提炼出代表用户核心需求偏好的公因子后，交互设计研究的下一步关键任务是将具有相似需求偏好的用户群体识别出来，即进行用户分群。聚类分析（cluster analysis）正是实现这一目标的强有力的统计分析方法，它能够依据用户在核心需求因子上的偏好，将数据集中的用户对象自然地划分为若干个内部相似度高、组间差异显著的群体。这种基于数据驱动的用户分群，为构建精准的用户画像（persona）和制定差异化的设计策略提供了数据支撑。

3.5.1　聚类分析的基本原理

聚类分析的核心价值在于其“物以类聚，人以群分”的思想。它不依赖于预先设定的分类标准，而是通过算法自动探索数据内部的结构，将性质相近的研究对象（此处为用户）聚合到同一集合（即簇，cluster）中。在设计研究中，这意味着能够识别出在核心需求偏好上表现出高度相似性的用户群体。

聚类分析有多种算法，其中K-means聚类算法（K均值聚类）因其计算效率高、易于理解和实现，成为交互设计研究中常用的一种方法。K-means算法的核心思想是通过迭代优化，将数据点划分到K个簇中，使得每个数据点与其所属簇的中心（质心）的距离平方和最小化。其基本流程可概括为以下步骤。

（1）确定簇数K　研究者需预先设定期望划分的用户群体数量K。K值的选择需结合研究目标、数据特点以及实际业务需求进行综合判断。例如，在用户画像构建中，通常期望划分出3～6个具有代表性的群体。

（2）初始化质心 遍历数据集中所有的数据对象，以数据对象和到质心的距离长短计算其相似度，令x表示数据集中的一个样本点，y表示该数据集中的质心，m表示每个样本点中的特征数目，i表示组成点x的每个特征，计算数据对象x与质心y间的最小欧氏距离$D(x,y)$。

$$D(x,y)=\sqrt{\sum_{i=1}^{m}(x_i-y_i)^2} \tag{3-3}$$

（3）分配数据点 将每个数据点分配到距离其最近的质心所在的簇中。

（4）重新计算质心 使用最小误差平方和Z重新计算每个集群的质心。

$$Z=\sum_{i=1}^{K}\left(s_i-\overline{C_i}\right)^2 \tag{3-4}$$

（5）迭代优化 重复步骤（3）分配数据点和步骤（4）重新计算质心，直到满足停止条件，如质心位置不再发生显著变化或达到预设的最大迭代次数。

最终，算法收敛后，每个用户都会被分配到一个特定的簇中，同一簇内的用户在需求偏好因子上的得分模式高度相似，而不同簇的用户则存在显著差异。

3.5.2 聚类分析的SPSS操作

以嵌瓷体验App研究的用户需求数据为例（基于之前因子分析得到的7个公因子得分），演示在SPSS中进行K-means聚类分析的操作步骤。

①“分析”→“分类”→“K均值聚类”，出现如图3-7所示的设置界面。K-means聚类的初始聚类数由设计师设置，可以将聚类数设置为3，即聚类为3个用户群体。然后进行迭代计算，根据最后的差异是否显著进行决策。若不显著，可以尝试将聚类数设置为2或4。若显著，则可以采用3个聚类数。

② 以7个公因子为变量，将代表7个核心需求因子的变量（FAC1、FAC2、…、FAC7）从左侧列表移入右侧“变量”框中，这些变量是聚类分析的基础。选择FAC1～FAC7这7个公因子作为聚类的基础数据，而非选择所有34个需求项，是因为前者可操作性更强，逻辑更清晰。其他设置如图3-8所示。

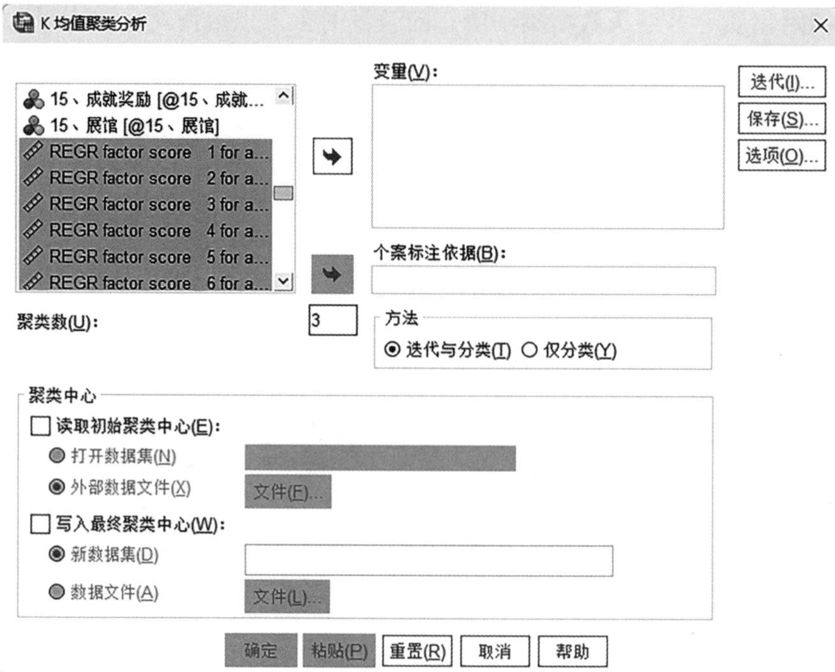

图3-7 SPSS聚类分析的设置界面

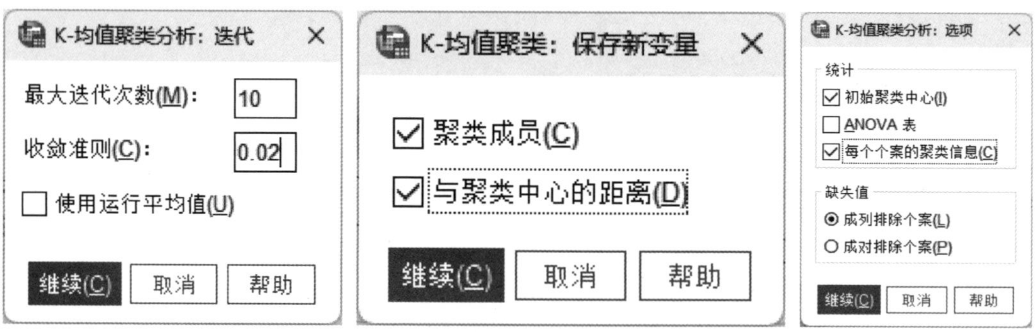

图3-8 SPSS聚类分析的其他设置

结合多次实验结果，最后设定分类数K值为3，将数据集中的数据对象聚合到同一集合中，得到3个集合。最终聚类中心如表3-8所示，每个簇在各个因子上的得分表达的是：正值表示该簇用户在该因子代表的需求上偏好程度高于平均水平，负值则表示低于平均水平。得分绝对值越大，偏好（或排斥）程度越强。一般情况下，大于0.5表示偏好程度很强；大于0.2表示偏好程度较强；大于0表示有所偏好。

表3-8　最终聚类中心

核心需求	个案聚类编号		
	1	2	3
FAC1：创作体验	0.15988	-0.07753	-7.47410
FAC2：线下作品价值	-0.02575	-0.00326	2.51008
FAC3：非遗知识	0.38088	-0.44259	3.59840
FAC4：学习体验	-0.07402	0.11266	-2.91085
FAC5：社区交流	-0.31362	0.31466	1.16822
FAC6：情感需求	0.23029	-0.26524	1.97954
FAC7：作品展示	-0.29845	0.29576	1.41702

3.5.3　聚类分析的报告撰写

基于聚类中心表中各因子得分的显著高低模式，结合专业知识，对每个聚类进行命名，并详细描述该聚类用户在核心需求偏好上的典型特征。描述应聚焦于该聚类区别于其他聚类的最显著特点。

聚类1：沉浸式创作者。该聚类用户在创作体验（FAC1：+0.16）、非遗知识（FAC3：+0.38）和情感需求（FAC6：+0.23）上的得分显著高于平均水平，这表明他们深度参与从创作到学习的完整流程，享受亲手制作的参与感，对技艺文化内涵求知欲强，并重视情感联结。同时，他们对社区交流（FAC5：-0.31）和作品展示（FAC7：-0.30）的需求显著低于平均水平，显示其更偏好个人化、内化的创作与学习体验。

聚类2：文化展馆参观者。该聚类用户在学习体验（FAC4：+0.11）、社区交流（FAC5：+0.31）和作品展示（FAC7：+0.30）上的得分相对较高，这表明他们对非遗知识有基础认知，偏好轻松有趣的学习方式（学习体验），并乐于展示作品，参与交流讨论。同时，他们对创作体验（FAC1：-0.08）、非遗知识（FAC3：-0.44）和情感需求（FAC6：-0.27）的需求低于平均水平，显示其不愿深入钻研技艺或建立深层情感联结，更侧重文化体验的社交与展示层面。

聚类3：非遗市集活跃者。该聚类用户在线下作品价值（FAC2：+2.51）、非遗知识

（FAC3：+3.60）、社区交流（FAC5：+1.17）、情感需求（FAC6：+1.98）、作品展示（FAC7：+1.42）上的得分远高于平均水平（绝对值远大于0.5），这反映出他们既追求作品的价值转化（如购买、文创化），又重视社区互动与作品展示，对非遗知识有深度需求并寻求情感共鸣。然而，他们对创作体验（FAC1：-7.47）和学习体验（FAC4：-2.91）的需求呈现出极端排斥，由于其样本量极小（在有效样本中占比<5%）且需求模式与产品核心定位存在根本性冲突，所以在后续用户画像构建和产品功能规划中，可将其视为次要目标群体或观察群体。

根据聚类规模、需求特征与产品定位，确定聚类1（沉浸式创作者）和聚类2（文化展馆参观者）为本产品的主要目标用户群体。聚类3（非遗市集活跃者）由于其规模极小（<5%）且核心需求与产品设计重点（创作体验、学习体验）存在根本性冲突，不在当前产品的主要服务范围内，可作为潜在的观察群体。

3.6 用户画像构建与回归分析

通过因子分析，我们得到了产品的七大核心需求（公因子），为产品定位、规划以及进一步的统计分析提供了基础。通过K-means的样本聚类，我们将用户群体划分为具有不同核心需求偏好的三类群体（沉浸式创作者、文化展馆参观者、非遗市集活跃者）。但是，用户画像不仅仅包括需求偏好，还需要更丰富的用户特征来描绘画像的具体轮廓。例如，沉浸式创作者是否显著更年轻，文化展馆参观者的收入水平是否存在特定分布，特定用户群体是否更倾向于在某种场景下使用产品。

3.6.1 回归分析的基本原理

回归分析是统计学中用于探究变量之间因果关系或预测关系的核心方法，在交互设计、用户研究、社会科学等领域广泛应用，它能够分析一个或多个变量（自变量）如何影响另一个变量（因变量）。在嵌瓷体验App的问卷案例中，因变量可以是用户使用该应用的态度、意愿，从而将“比较满意”和“非常满意”这一类用户作为目标用户群体，或者选择“非常满意”的这一类群体作为目标用户群体。而自变量可以是三类群体，也可以是用户的各类特征。回归分析在这一阶段发挥着关键作用，它能帮助我们深入探索用户画像中各类特征（如用户的年龄、收入、特定行为频率等）与三类群体可能存在的关联关系。通过一次或多次的回归分析，可以构建出完整的用户画像，并确定哪一类群体是目标用户群体。

为了让前期聚类分析得到的三个聚类群体具有丰富的用户特征，将用户人口属性、用户行为属性、场景属性、目标属性等用户特征作为自变量，将K-means聚类结果作为因变量，进行回归分析，形成完整的具有用户特征与核心需求偏好的用户画像。例如，我们可能关心不同聚类群体在年龄、收入、艺术创作接触频率、创作工具熟悉度或特定使用目标（如“学习非遗知识”与“社交互动”）上的分布差异。将这些用户特征作为自变量纳入分析模型。而因变量通常是用户的聚类类别（分类变量）或某个核心需求因子的得分（连续变量/有序变量），对于这类分类变量或有序变量，二元Logistic回归或有序Logistic回归是适用的分析方法。在数据准备阶段需要对问卷中的自变量进行整理和规范化处理（编码）。例如，将“年龄”分组赋值（如18～25岁=1，26～35岁=2等），对“收入范围”进行编码（如1000元以下=1，1000～2000元=2等），或将多项选择题（如“主要使用目的”）转化为虚拟变量，确保数据格式符合回归分析模型的要求。

解读回归结果时，主要关注两个核心方面。一是显著性（P值），它用于判断某个自变量对因变量的影响是否具有统计学意义，通常$P<0.05$表示显著。显著的变量意味着有足够的证据表明该用户特征与用户群体或需求偏好存在关联，但需注意相关性不等于因果关系。二是影响的方向与幅度，通过回归系数B值和优势比OR值共同解读。其中，B值表示自变量每单位变化所导致的因变量logit值的变化量，其符号（正/负）直接决定了影响的方向。实践中，可根据$|B|$的大小初步判断影响强度，强影响变量（$|B|>1$）意味着需优先在设计策略中响应，弱影响变量（$|B|<0.3$）意味着可降低设计优先级。$OR=e^B$，将B值转化为更直观的风险比，用于衡量影响幅度。OR>1表示可能性增加，OR<1表示可能性降低。正确识别模型的参照类是所有解读的前提。例如，在以其他聚类为参照类时，若“收入”的B值为负且显著（OR<1），表明与参照类相比，收入越高，属于聚类1的可能性越低。

将回归分析发现的显著关联关系整合到用户画像中，可以使画像更加具体、立体和富有洞察力。例如，如果回归分析显示“聚类1（沉浸式创作者）”的用户的年龄系数显著为负（$P<0.05$，OR＜1），且“对创作工具熟悉度”的系数显著为正（$P<0.05$，

OR>1），那么我们在描述该用户类型时，就可以补充："该群体以年轻用户为主（例如18～25岁），并且通常对创作工具更为熟悉。"这些基于数据验证的特征描述，使用户画像超越了单纯的需求偏好分组，融入了人口属性、行为特征等维度，为后续的差异化设计策略提供了更精准、更具说服力的洞察基础。

回归分析如同连接产品定量数据与用户画像特征的桥梁，它帮助设计师更全面地描绘目标用户群体的轮廓，揭示不同群体形成背后的关键特征，从而为交互设计实践中的功能规划、界面优化和体验提升奠定了基于数据的用户基础。通过对因子分析、聚类分析与回归分析等方法的综合运用，我们可以逆向推导出问卷设计的有效性：前期问卷中关于用户特征与需求偏好的题项设计，正是后续进行深度用户分群和洞察关联关系的数据基础。理解这一过程，有助于我们更深刻地认识到问卷中每一个维度和题项的设计初衷与价值。

3.6.2 回归分析的SPSS操作

（1）编码操作及其解析 由于是进行二元Logistic回归，需要将变量编码为二进制数值，再进行变量之间的分析。有了编码之后，可以将程度题作为因变量，还为其他题型的分析提供了更多的可能性，比如像年龄一样具有递增（程度）意义的题项，经过编码后也可以是一种作为因变量的程度题。若定类变量为两类，则编码为1和2，如"您的性别是：男=1；女=2"。若定类变量为两类以上，则需要进行虚拟变量设定，如"您在日常学习过程中接触上述艺术创作的频率是"，其选项的编码规则如下所示。

职业/专业从事：X1=1，X2=0，X3=0，X4=0

业余爱好者：X1=0，X2=1，X3=0，X4=0

偶尔尝试：X1=0，X2=0，X3=1，X4=0

仅观赏/从未实践：X1=0，X2=0，X3=0，X4=1

使用"创建虚变量"后，通常会自动生成多个虚拟变量列（如Q7_1、Q7_2、Q7_3、Q7_4），并在后续分析中选择合适的参照类。SPSS的"创建虚变量"功能将为多分类变量（如Q7）自动生成一组虚拟变量，通常需要指定一个参照类，例如以"仅观赏/从未实践=4"作为参照类，则在回归模型中只需纳入Q7_1、Q7_2、Q7_3即可。

程度题需要进行二元化，如"您对创作工具的熟悉程度如何"的选项，二元化为

“非常不熟悉，不熟悉，一般=1；熟悉，非常熟悉=2”。

以手工活动“泥塑、传统木雕、陶瓷制作、嵌瓷等”的接触程度（精通，体验过=1；了解但未实践，完全不了解=2）、对创作工具的熟悉程度（非常不熟悉，不熟悉=1；一般，精通，非常精通=2），构建二元Logistic回归模型。根据二元Logistic回归对于自变量的要求，对多分类变量分别设置虚拟变量，也称编码，最终集合中的特征属性如表3-9所示。从选取的变量特征可以看出：第一类包括表中Q1～Q2两个基本问题，代表用户个人属性；第二类包括表中Q3～Q5，代表用户社会属性；第三类包括表中Q6～Q8，代表用户行为属性；第四类包括表中Q9～Q10，为用户目标属性，是拉开用户间差距的关键属性；第五类需求属性则是因子分析后得出的7个公因子。

表3-9 面向非遗体验人群的问卷题项编码

编号	题目	选项编码
Q1	您的性别是	男=1；女=2
Q2	您的年龄段是	18岁以下=1；18～25岁=2；26～35岁=3；36～45岁=4；45岁以上=5
Q3	您的最高学历是（包括在读）	初中及以下=1；高中/中专=2；本科/大专=3；硕士及以上=4
Q4	您的职业是	学生=1；公职人员=2；民营企业员工=3；自由职业=4；手工艺从业者=5；教师/学术工作者=6；其他=7
Q5	您的月均可支配收入约为	1000元以下=1；1000～2000元=2；2000～3000元=3；3000～5000元=4；5000元以上=5
Q6	您是否接触过以下手工活动：泥塑、传统木雕、陶瓷制作、嵌瓷	精通，体验过=1；了解但未实践，完全不了解=2
Q7	您在日常学习过程中接触上述艺术创作的频率是	职业/专业从事=1；业余爱好者=2；偶尔尝试=3；仅观赏/从未实践=4
Q8	您对创作工具的熟悉程度如何	非常不熟悉，不熟悉=1；一般，精通，非常精通=2
Q9	对非遗类产品感兴趣	非常不感兴趣，不感兴趣=1；一般，感兴趣，非常感兴趣=2
Q10	对AI支持的非遗类线上与线下相结合的产品感兴趣	非常不感兴趣，不感兴趣=1；一般，感兴趣，非常感兴趣=2

SPSS操作：“转换”→“创建虚变量”，如图3-9所示；“转换”→“重新编码为不同变量”，如图3-10所示。

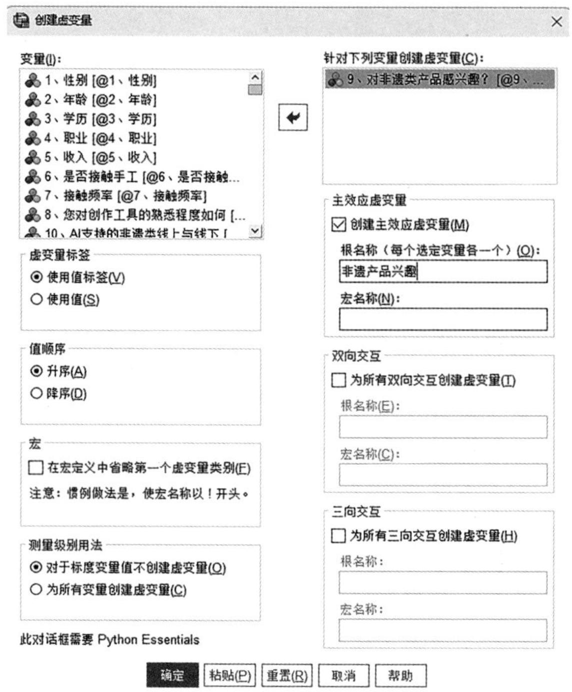

图3–9　SPSS二元逻辑回归分析1

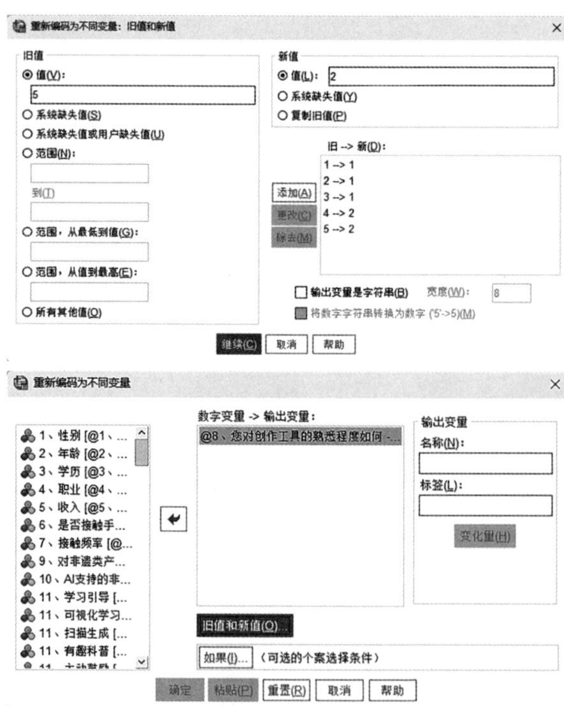

图3–10　SPSS二元逻辑回归分析2

（2）二元Logistic回归操作　“分析”→“回归”→“二元Logistic回归”，如图3-11所示。

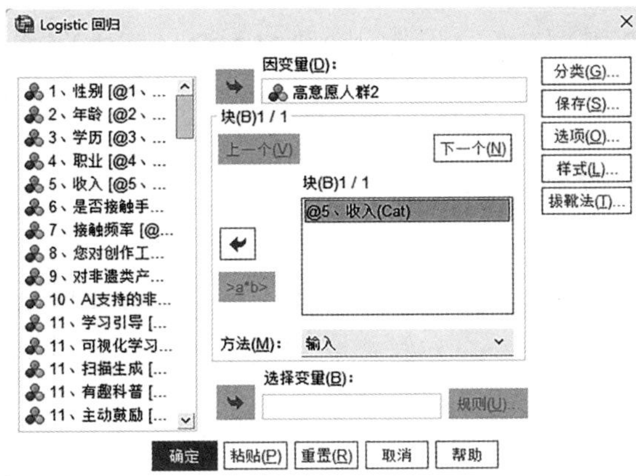

图3-11　SPSS回归分析

通过态度题将用户分为“高意愿用户=1”和“非高意愿用户=0”。将用户态度题作为因变量，用户特征题作为自变量。选择一个因变量（用户态度题）→以用户特征题为自变量。

（3）其他设置　在做回归分析的时候可以探索许多可能性，熟练以后可以根据想要了解的数据关系灵活放置因变量与自变量，只要保证因变量的格式符合要求（编码要求）即可，如图3-12所示。

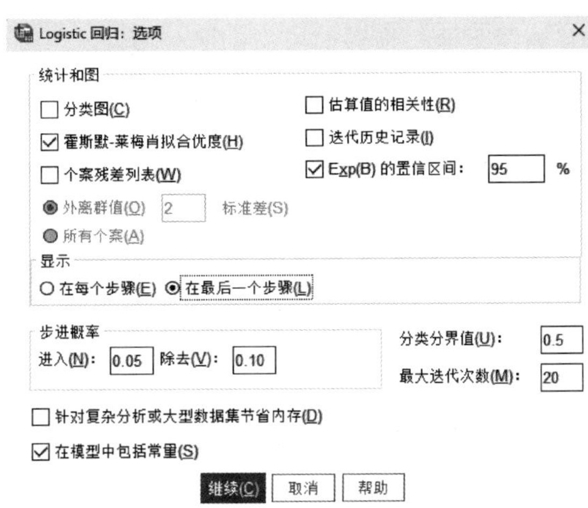

图3-12　SPSS回归分析设置

交叉分析：通过将聚类群体放入交叉表中的“行”，将高意愿人群放入交叉表中的“列”，得出每个态度群体内高意愿用户的比例。分析结果显示：在1类聚类用户共78个用户中，有69个用户为高意愿用户，占1类聚类用户总数的88.4%；在2类聚类用户共83个用户中，高意愿用户有61人，仅占2类聚类用户总数的73.4%。

3.6.3 回归分析的报告撰写

（1）回归分析目标与变量关系说明 首先，应明确阐述本次回归分析的研究目标。例如，在嵌瓷项目中，我们旨在探究两类关键变量之间的关系：①用户对于使用App学习嵌瓷非遗知识的态度；②用户人口特征，如性别、学历、职业、接触非遗的频率与目的等。这部分需清晰定义模型中使用的所有自变量（预测变量）和因变量（结果变量）及其度量方式（如连续变量、分类变量、虚拟变量）。

（2）主要分析结果报告 需明确说明采用的回归模型类型（如本例使用二元Logistic回归模型）和统计显著性水平（P=0.05）。报告应包含对模型整体拟合优度的评价。例如，采用Hosmer-Lemeshow检验评估模型的拟合优度（P>0.05表示模型拟合良好），采用Nagelkerke R^2 等指标衡量模型的解释力（如本模型Nagelkerke R^2=0.25，表明模型解释了结果变量25%的变异）。需要注意的是，该检验的效力（power）有限，可能无法有效检测出模型的拟合不良问题。本书推荐同时报告其他指标，如AIC（Akaike information criterion）或BIC（Bayesian information criterion）用于模型比较，或者使用ROC曲线下面积来评估模型的区分度。

① 用户态度与用户属性呈显著示例：收入水平为2000～3000元对用户是否对App学习非遗知识具有积极态度有显著影响，OR=0.167，95% CI [0.030，0.917]，P=0.039。这意味着，与收入为5000元以上的高意愿用户相比，收入为2000～3000元的高意愿用户仅有收入为5000元以上的16.7%（注：极高的OR值提示需检查数据分布或共线性）。

② 用户态度与用户属性呈非显著示例：性别对用户是否对App学习非遗知识具有积极态度没有显著影响，OR=1.905，95% CI [0.865，4.196]，P=0.110。这表明，在其他条件相同的情况下，用户性别对用户是否对App学习非遗知识持积极态度是没有影响的。

报告结果时，务必清晰呈现显著性水平（P值）、回归系数（B值，特别是对于线性回归)、优势比(OR值,对于Logistic回归)及其95%置信区间(95% CI)。置信区间提供了效应估计的精确度范围,区间不包含1(对于OR)或0(对于B),通常表示效应显著。

(3)用户画像的整合与应用 综合回归分析结果(揭示了关键属性的显著影响)与前期聚类/因子分析(识别需求模式分组),可构建更立体的用户画像。以下是对两种典型用户类型的描述性总结。

用户画像1:沉浸式创作者。该群体为非遗文化的深度体验者和实践者(基于聚类分析需求特征突出)。分析结果表明,他们对创作体验和非遗知识学习展现出强烈且连贯的需求链条,同时也是高意愿人群的主力用户(基于交叉分析)。其核心驱动力在于亲身参与传统工艺制作的过程(体验优先)及探寻其文化内涵(知识驱动)。显著的情感需求表明他们寻求与非遗文化建立深层次的情感联结。值得注意的是,他们对作品的线上展示和商业化(购买)兴趣相对较低(基于需求特征得分),更倾向沉浸于个人化的创作之旅。

用户画像2:理性观察者。该群体在各项需求指标上的波动幅度较小,未呈现如类型1般的显著倾向性(聚类分析特征)。回归分析未在本例中识别出强烈定义该群体的单一显著需求属性(或报告未达显著的相关属性),结合其需求模式,表明他们对非遗文化保持着基础认知和适度兴趣,但主动深度探索(如钻研知识)或深入参与(如高频创作)的意愿不强。他们对作品展示和社区交流的适度偏好,使其更符合文化展馆中的普通参观者形象——既非完全排斥,也非主动深挖,行为上表现为浏览、欣赏和有节制的线上互动(解释其无明显倾向的特点)。

回归分析是连接定量数据与用户画像特征、揭示属性间潜在关联的强大工具。在问卷设计和分析阶段,应重点关注以下几点:①**结果解读的严谨性**,务必准确解读系数方向(OR值)、显著性水平及其实际含义,避免误读(如将高OR值解读为负向影响);②**问卷的持续优化**,根据回归结果(如发现某人口学变量未显现显著差异),可反思并优化问卷设计(例如调整年龄区间划分、增强关键行为或态度问题的区分度),以提升后续数据收集的精确度;③**模型复杂性管理**,关注多重共线性(如极高OR值可能提示存在严重共线性)和模型拟合状况。

总之,规范的回归分析报告应清晰阐明研究问题、方法、核心结果(包括显著变量、效应量如OR值及其置信区间、方向)和主要结论。将这些统计发现与用户研究的核心框架（如聚类结果、需求维度）进行有机关联与整合，是最终构建出具有数据支撑、精准指导设计实践的用户画像的关键步骤。

3.7 定量分析总结

3.7.1 第二次需求列表

本章系统阐述了定量分析方法在用户研究中的作用与应用流程。作为连接前期定性探索与后续设计实践的关键桥梁，定量分析的核心价值在于通过严谨的数据收集与分析，对定性研究中识别出的用户需求假设进行验证，量化其优先级，并精准识别目标用户群体及其核心特征，最终为设计决策提供客观、可追溯的数据依据。

定量分析通常始于定性研究形成的初步需求列表与产品机会点的其他洞察。基于此，研究者精心设计问卷题项，明确验证目标（如需求重要性、用户分群），科学规划涵盖用户属性、行为习惯、需求偏好及目标场景等维度的题项，并确保问卷设计的信效度。问卷发放后，需保证足够的有效样本量，以提升分析结果的代表性和可靠性。问卷回收后，研究者可灵活选用Kano模型分析需求类型（如必备型、期望型、兴奋型）及影响力（Better-Worse系数），或深入进行统计学分析（如因子分析提炼核心需求维度、聚类分析划分用户群体、回归分析探索用户属性与需求的关联）。这些分析共同服务于构建更精准的用户画像、提炼核心需求并明确产品定位。定量分析的直接成果是将初步的、发散的需求列表（第一次需求列表）进行收敛、验证和精炼，形成更具指导性的第二次需求列表（表3-10）。这份列表聚焦于通过数据验证的关键需求，剔除了次要或伪需求，为后续功能设计转换提供了坚实基础。

表3-10 嵌瓷体验App的第二次需求列表

需求时期	核心需求	需求内容
非遗体验前	非遗知识	知识库
		嵌瓷制作教学
		学习时间轴

续表

需求时期	核心需求	需求内容
非遗体验前	非遗知识	嵌瓷素材库
		潮汕文化资讯
		潮汕关联知识
非遗体验中	创作体验	嵌瓷风格化
		流行文化主题创作
		线下完成设计
		自定义形状
		游戏化
		体验虚拟创作
		实时设计反馈
	学习体验	可视化学习
		有趣科普
		扫描生成
		学习引导
	情感需求	主动鼓励
		个人故事
非遗体验后	社区交流	二次创作
		线上设计活动
		交流
		分享创作
	线下作品价值	环保材料
		地域文化纪念品
		转换为文创产品
		购买他人的虚拟作品

3.7.2 产品定位总结

更重要的是，定量分析从根本上深化了对目标用户的理解，并明确了产品定位。通过因子分析、聚类分析和回归分析，研究者能够清晰地划分用户群体（如“沉浸式创作者”“文化展馆参观者”），洞察其核心需求偏好和行为特征。这为定义产品的核心价值主张、目标用户（who）、核心功能（what）、使用场景（where/when）及价值（why），即产品的5W问题，提供了强有力的数据支撑（表3-11）。清晰的产品定位是后续设计实践的灯塔，确保设计方向始终聚焦于满足核心用户的核心需求。在此基础上形成的产品定位描述则更具体地阐述了产品的差异化优势与核心任务。

表3-11 定量分析后的产品定位

5W维度	内容
what 产品是什么	以AI嵌瓷守护者为虚拟形象，以AI赋能嵌瓷非遗文化传播为产品主要任务，以嵌瓷多模态教学与智能反馈为核心，提供在线创作、知识库与社区互动，构建“创作—学习—分享—变现”全链路文化平台
why 为什么要使用这个产品	通过趣味化非遗体验实现文化传承与自我表达，从创作体验到非遗知识学习的完整流程，参与制作传统嵌瓷工艺，并与非遗文化建立情感联结
where 在哪里使用这个产品	通过智能手机或其他智能设备来接触和互动，还配有实体产品互动体验
who 目标用户是谁	18～35岁热衷于尝试手工体验创造的年轻群体
when 何时使用这个产品	日常碎片化学习、休闲创作时段、旅游文化探索及节日礼品选购时高频使用

3.7.3 商业模式总结

定量分析的价值不仅体现在指导设计，也延伸至商业模式的规划。分析得出的用户画像、需求偏好和市场洞察，为构建SWOT分析（评估内部优势、劣势与外部机会、威胁，如表3-12所示）和商业画布（梳理价值主张、客户细分、渠道、收入来源等核心要素）提供了关键输入。这些工具帮助设计团队和企业从商业可持续性角度审视产品，使定位更加聚焦，商业策略更具说服力。例如，基于用户对“创作体验”和“社区交流”的需求强度，产品可以规划相应的会员订阅、课程活动或增值服务模式。

表3-12 SWOT分析

维度	内容
strengths（优势）	产品功能基于定量分析出的用户需求，具有客观、贴合实际的优势。基于此，能够提供虚拟创作与游戏化学习的体验，能够帮助用户了解嵌瓷非遗知识并进行作品创作。产品随时随地都可使用，用户可以在任何地点、任何时间进行非遗学习与非遗创作。通过AI嵌瓷守护者辅助功能，产品提供了与传统非遗学习不同的体验，为用户带来新的非遗体验方式
weaknesses（劣势）	产品的成功与技术的稳定性和可靠性密切相关，一旦出现技术故障或不稳定性，可能会影响用户体验。产品可能需要一定时间来建立品牌知名度和市场认知度，特别是在刚开始推广阶段，需要投入更多的市场推广资源
opportunities（机会）	随着国家对非遗传承重视程度的增加，市场对于艺术创作的需求也在增加，产品有机会在这个领域取得更多的市场份额。非遗体验者的数量可能会随着人口的增长而增加
threats（威胁）	随着市场竞争的加剧，可能会出现更多类似的非遗体验产品，从而加大了产品在市场上的竞争压力。产品涉及作品创作与交易领域，如果不恰当地使用或者泄露用户的个人信息，可能会面临法律诉讼或道德责任的风险

综上所述，从严谨的问卷设计到多元的数据分析，定量分析是交互设计实践中不可或缺的环节。它不仅仅是为了得到一份需求列表或用户画像，其核心价值在于将“以用户为中心”的理念转化为可量化、可验证的设计依据，驱动设计决策更加精准、客观和有效，为最终创造出成功的产品奠定坚实的数据基础。

3.8 课后练习

本章的课后练习主要有两部分：第一部分是设计一份标准的调查问卷及其定量数据的采集，这份问卷需要严格按照本章所学习的方法和维度进行设计；第二部分是锻炼因子分析、聚类分析与回归分析等统计分析的SPSS操作。需要注意的是，统计方法有很多，本书为用户研究设计了一套有针对性的用于提炼核心需求与用户建模的集成方法。学生主要是掌握其逻辑，明白方法是工具，后续可以根据自身项目的需要，设计不同的统计分析方法来解决问题。

在掌握具体操作后，提升方法论层面的认知至关重要。本章所教授的因子分析、聚类分析等路径，本质上属于探索性研究，其目的在于从数据中发现模式、提炼结构；而第1章介绍的TPB、TAM、UTAUT等结构方程模型则属于验证性研究，用于检验预设的理论假设。研究者应根据不同目的（探索未知或验证理论）来选择方法，更可将两者结合。例如，在成熟的结构方程模型基础上，若通过探索性因子分析发现解释变异率较高的新公因子，便可将其作为新的变量纳入模型，进行验证性分析，从而实现理论框架的完善与升级。

另外，将定量分析结果与第2章定性分析结果（如第一次需求列表、初始产品定位，5W问题等）进行对比，说明定量分析如何收敛或扩展了需求范围；修正定性研究中潜在的主观偏差；量化需求优先级排序（如Kano模型中的必备型、期望型需求比例）；目标用户群体是否更明确；是否存在未被定性覆盖的新群体；核心功能优先级是否因数据支撑而发生调整。

第4章 设计实践

本章是从研究分析迈向设计创造的转折点。我们通过定性分析（第2章）探索用户需求，通过定量分析（第3章）验证需求、提炼核心需求维度、构建用户画像、确定产品定位。本章将以此为基础，在借鉴Jesse James Garrett的用户体验五要素框架（战略层、范围层、结构层、框架层、表现层）的基础上，将用户需求、商业目标与技术可行性转化为具体的交互设计方案。为了贴合实践教学，我们在分析用户任务特征的基础上，引入“首页→列表页→详情页→结算页”这一贯穿数字化产品核心流程的设计逻辑，用以梳理从抽象宏观战略到具象交互设计的逐层细化过程。

4.1 产品定位：战略层的核心锚点

产品定位是交互设计实践的战略起点和决策基石。它并非简单的功能描述，而是基于前期深入的用户研究（特别是第3章的核心需求与用户画像）以及商业目标与技术可行性的综合考量，对产品核心价值、目标用户、竞争优势及存在意义的精准定义。产品定位构成了用户体验五要素中战略层的核心，为后续所有设计决策提供最高层面的指导方向。

一个清晰、有力且具备实践指导意义的产品定位，需要系统地回答5W1H问题，并阐明它们之间的有机联系。

（1）用户是谁（who） 这是定位的核心依据，直接来源于第3章构建的用户画像。定位需清晰描述目标用户的核心特征（如年龄、兴趣、行为习惯、使用场景）、未被满足的核心需求（如嵌瓷案例中的“创作体验”“文化认同”“便捷学习”）以及他们的核心目标（如“深度体验嵌瓷文化”“创作个性化嵌瓷作品”）。例如，18～35岁，对传统文化、手工创作、新中式美学感兴趣，具备一定数字素养，寻求深度文化体验和创造性表达的年轻群体。

（2）产品是什么（what） 在深刻理解用户的基础上，定义产品的核心价值主张。它简洁而有力地道出产品将如何解决用户的关键问题或满足其核心需求。这需要将用户需求（第3章的核心需求维度）转化为产品的核心功能或服务形态。例如，一个融合AI辅助创作、游戏化知识学习与沉浸式文化探索的潮州嵌瓷体验App。

（3）用户为何需要它（why） 阐明本产品能为用户带来的独特价值和关键收益，并基于第2章的竞品分析，清晰展示其相对于现有解决方案的差异化优势，解释用户选择本产品而非其他替代方案的核心理由。具体而言，当前市场上的非遗类应用普遍存在痛点，例如，过度依赖对非遗刻板印象元素的表达，而忽视了以用户为中心的、融合现代表达（如次世代元素设计）的产品设计。为解决这一问题，本产品的核心立足于提炼非遗文化元素，着眼于非遗的有效传承，并构建以用户为中心的多元表达和互动体系。我们提供一条创新性的、融入“旧事新说”理念的研学路径，引导用户从趣味认知走向新型创作实践。在技术上，充分利用AI等新技术赋能互动设计，如提升互动丰富度和深度，并通过游戏化表达显著提升用户体验与黏性。最终目标是打通线上与线下渠道，帮助用户深度理解嵌瓷文化的精髓，并激发其创作属于自己的文化记忆。

（4）它适用于什么场景（where和when） 描述产品使用的典型环境，有助于理解用户的使用状态，如碎片化学习、专注创作、旅行途中、灵感涌现时，从而指导信息架构和交互流程的设计。例如，适用于日常休闲时的碎片化学习、旅行前与旅行中的文化探索准备以及产生创作灵感时的沉浸式虚拟与实体创作场景。

（5）它如何融入生态（how-ecosystem） 在智能化与生态化时代，产品定位需考虑其与技术趋势（如AIAS、多模态交互）、商业生态系统（如是否属于某个品牌矩阵、是否有合作服务）以及可持续发展（如商业模式、资源规划）的关系。例如，作为连接线上认知与线下实践的枢纽，可整合地方文旅资源（如预约线下工坊），探索会员订阅、文创电商、IP联名等多元化商业模式，并利用生成式AI等前沿技术提升个性化体验。

4.1.1 企业目标

企业目标（或产品目标）是驱动产品存在的内在引擎，定义了产品需要为企业达成的商业价值和战略目标。这是产品定位中不可或缺的维度，确保了设计不仅能满足用户需求，还能在商业上具备可行性与可持续性。企业目标是否明确是衡量产品成功与否的关键标尺。交互设计师需要深刻理解产品的企业目标，并确保设计决策与之对齐。在塑造用户体验的同时，巧妙地服务于商业价值的实现，确保产品的长期生命力。

企业目标通常包含相互关联、层层递进的几个层面。

（1）核心商业价值

① 盈利模式：直接销售、订阅服务、增值功能/虚拟商品、交易佣金、广告收入、数据价值等。

② 成本控制与效率：产品是否能降低企业运营成本（如通过内部工具提升效率、降低市场推广成本，通过用户口碑降低获客成本）或服务支持成本（如通过自助服务减少人工客服）。

③ 市场份额与增长：产品目标是开拓新市场、抢占竞争对手的份额，还是在现有市场中实现用户基数的增长。

（2）品牌与市场影响力

① 品牌形象塑造：产品传递怎样的品牌核心价值，如苹果的“创新与易用”、宜家的“民主设计”。产品设计（UI/UX、文案、功能）需要高度一致地服务于品牌形象的建立和强化。

② 用户认知与忠诚度：产品如何提升品牌在目标用户心中的地位，如何通过良好的用户体验培养用户忠诚度，提升复购率、留存率和推荐率。

③ 市场领导力：产品是否能够树立行业标杆，成为特定领域的领导者，从而获得议价权和标准制定权。

（3）战略布局与长远发展

① 技术护城河：产品是否具备核心技术优势，能否形成竞争壁垒。

② 生态系统入口：该产品是否是进入一个更大商业生态系统（如智能家居、企业服务套件等）的关键入口。

③ 未来能力储备：产品是否为探索未来技术（如AI Agent、AIAS等）或业务模式搭建了平台或积累了用户基础。

4.1.2 生态目标

在万物互联、服务融合的今天，产品很少孤立存在。生态目标关注产品如何融入更大的技术、服务或商业生态系统，如何与其他元素协同创造价值。这超越了单一产品的功能边界，着眼于系统性的连接、扩展与未来可能性。

生态目标的构建涉及以下几个关键维度。

（1）技术整合与赋能 产品如何利用现有平台（如iOS/Android/HarmonyOS、云平台、AI开放平台、地图服务、支付系统）的能力，快速构建核心功能并提升体验。产品是否计划开放接口或软件开发工具包，允许第三方开发者扩展其功能或集成到其他系统中，这能极大地扩展产品的边界和影响力。产品如何融合AI（如生成式AI、AI Agent、AIAS等）、物联网、AR/VR、大数据等前沿技术，创造新颖的交互方式和价值，例如，AIAS要求交互设计支持更自然的对话、意图预测和主动服务。

（2）服务协同与扩展 产品如何与同一公司或合作伙伴的其他产品无缝协作，如华为手机与手表、耳机、智慧屏的协同，电商App与支付、物流、金融服务的整合。交互设计需考虑跨设备流转、数据同步、账号体系统一等。如何打通线上数字体验与线下实体服务，如潮州嵌瓷体验App的线上创作学习与线下工坊预约体验的结合。设计需确保流程顺畅、信息一致、体验连贯。

（3）商业合作与价值链 是否有重要的合作伙伴关系（如内容提供商、硬件制造商、渠道商）影响产品形态。交互设计如何体现或服务这些合作，如联合会员、跨平台优惠。产品在整个行业价值链中扮演什么角色，是基础设施、平台还是应用。这些决定了产品的核心功能和交互焦点。

（4）可持续发展与未来演进 产品的基础架构是否支持未来的平滑升级、功能扩展和性能提升。交互设计是否考虑了可扩展性。产品设计是否保持足够的开放性，以适应未来生态伙伴的变化和新技术的融入。生态目标需要匹配长期可行的商业模式，如平台抽佣、API调用收费、生态内增值服务。

生态目标意味着交互设计师要起到上层设计与统筹的作用。它要求交互设计师具备系统思维，理解产品在更广阔图景中的位置，并设计出能够无缝融入、协同共生、具备前瞻性的用户体验。在AIAS和多设备环境下，交互设计师要考虑如何让系统智能地感知用户情境并在生态内提供协同服务，如何定义清晰的交互范式以适应生态协作，如根据位置和日程在手机、手表、车机端适时提醒预约的线下活动。

以潮州嵌瓷体验App为例，其生态目标不仅仅是打通线上认知学习与线下动手实践，更在于成为连接用户、文化内容、传承人、线下空间（博物馆、工坊）、文创供应链的枢纽。这要求交互设计师具备以下能力：①**技术整合**，整合云服务、AI技术（如图像生成）、基于定位的服务等关键技术；②**服务协同**，设计从线上创作、线下预约、实体制作到作品数字化存档、分享、销售的完整闭环体验流程；③**开放扩展**，为未来开放API预留可能性，允许第三方提供嵌瓷风格的数字素材；④**商业模式融入**，设计清晰的文创购买、联名活动、会员订阅等商业入口；⑤**交互挑战**，如何在单一App界面内有机融合学习、创作、社交、预约、电商等多种服务模式，避免用户感到混乱，这要求设计师具备较强的信息架构与导航设计能力。

4.1.3　用户目标

用户目标是产品定位的灵魂和起点。它源于前期深入的用户研究，聚焦于理解用户希望通过产品完成什么任务、满足什么需求、达成什么目的以及获得怎样的感受。所有的企业目标和生态目标，最终都需要服务于用户目标的实现。没有真正满足用户目标的产品，其商业目标和生态目标也难以持久。

用户目标可以从以下多个层次进行深入剖析。

（1）任务目标　这是最直接、最显性的目标，即用户需要完成哪些具体的、可操作的工作或活动；直接来自用户研究中的任务分析、用户旅程图、访谈和问卷中的具体行为描述。例如，查找权威的嵌瓷历史知识，学习嵌瓷拼贴的基本技法，创作个性化的虚拟嵌瓷作品，预约周末的线下嵌瓷体验工坊，购买一件嵌瓷风格的文创纪念品，分享我的嵌瓷作品到朋友圈等。

（2）体验目标　用户在执行任务过程中或完成任务后，希望获得怎样的主观感受和体验品质；用户访谈中表达的情绪、期望，如希望简单点、别太麻烦、有趣点。例如，在创作过程中感到“有趣且投入”，学习时感觉“清晰易懂”，预约时感觉“便捷可靠”，分享后获得“被认可和自豪”的感觉。

（3）价值目标　用户通过使用产品，希望在更长远的人生层面或社会身份层面达成什么更深层次的愿望或实现什么价值；用户访谈中对动机、价值观、身份认同的深层次探讨，如想更了解传统文化，想成为一个有创意的人，想融入某个圈子；学习与成长、自我表达、社交连接与归属感，提升社会形象/身份认同（如文化达人、科技爱好者），实现某种生活理想（如健康生活、高效工作）。例如，深入理解并连接潮汕文化根源，培养一项传统手工艺技能，表达个人的审美和文化品位，成为非遗传承的参与者和传播者，在社交圈中获得文化认同感。

前面章节的定量与定性研究是用户目标的核心来源。其中，用户画像为“who”提供了具象化的代表，其目标、痛点、行为模式直接指向用户目标。核心需求维度揭示了用户关注的核心领域，如潮州嵌瓷的“创作体验”“非遗知识”“作品价值”，这些维度下包含的具体需求项就是用户目标的体现。而基于Kano模型的需求优先级可以帮助识别哪些用户目标是必须满足的（必备型）、能显著提升满意度的（期望型）、能带来惊喜的（兴奋型），以及哪类用户群体更看重哪些目标。用户旅程图则描绘了用户实现一个大目标（如深度体验嵌瓷）的过程，展示了在不同阶段（体验前、中、后）用户的具体任务目标以及他们相应的体验期望。

用户目标是战略层的核心体现，也是交互设计的终极指南针，交互设计始终围绕用户目标展开。范围层（功能列表）直接源于对用户目标的分解和实现。结构层则围绕各个功能进行高效、顺畅的用户任务设计，以达成用户目标。框架层（界面布局、导航、控件）和表现层（视觉风格、动效、文案）以具体界面设计元素与用户进行交互。

4.2 用户需求与产品功能

用户目标是通过用户需求确定的，在明确产品定位（战略层）后，设计实践进入将用户需求转化为具体产品功能的关键阶段（范围层）。这一转化过程并非简单的直接映射，而是受到多种因素的深刻影响，并体现了设计实践的核心创造性。另外，范围层的功能列表及其信息架构表达方式还需转变为更加具体的产品地图，为交互流程与交互界面设计提供框架。

4.2.1 需求功能转换

需求功能转换是交互设计实践的核心创造性环节，是将前期研究所识别的用户需求转化为产品具体功能方案的关键过程。用户需求代表了目标用户的期望范畴，如“创作个性化嵌瓷作品”“便捷预约线下活动”，而产品功能则是实现这些期望的具体手段，如“AI辅助虚拟创作工具”“工坊预约系统”。这不仅是需求的映射，更是在用户期望、技术可行性与商业目标等多重约束下进行创造性设计决策的过程。此阶段的输出为后续构建清晰的信息架构与产品地图奠定了基础，其转换过程受到以下关键因素的影响。

（1）基于用户需求的创新设计 设计师的核心任务是基于前期用户研究所产出的用户需求与目标用户画像，运用专业洞察力和创造力，构思出既能精准满足需求（期望型），又可能超越用户预期的功能方案（魅力型）。以潮州嵌瓷体验App为例，针对“创作体验”这一核心需求维度，设计师可以构想出多种功能方案。

前期我们总结出了两类特征不同的用户画像，根据不同的用户类型将功能融入产品中，并根据用户类型的主次来确定功能的优先级顺序和层级，以达到差异化的效果。例如，基于用户想要有趣科普的需求，我们打造了“AR扫描”和“数字藏馆”功能，用户可以通过AR扫描嵌瓷呈现相关信息，形成数字藏馆，随时在藏馆中了解嵌瓷知识。基于用户想进行非遗学习与嵌瓷创作的需求，我们打造了“空中戏台”和“工作坊”功能，用户可以通过完成空中戏台中屋顶故事的创作，在传统故事中学习嵌瓷历史来源，并在工作坊中完成自己的嵌瓷作品创作。基于用户想交流分享、线下活动预约的需求，我们打造了“嵌瓷社区平台”功能，用户可以在平台分享自己的嵌瓷作品并观看他人创作的嵌瓷作品，同时也能预约线下嵌瓷体验馆，进行实体嵌瓷制作体验，并基于AI技术，允许用户上传照片，利用AI生成嵌瓷风格参考图，激发创作灵感并降低设计门槛（结合“创作体验”与“技术赋能”）。

这些方案均源于核心需求，并通过设计师的创造性思维变得更为具体和丰富。为激发创意，设计师常运用穷举场景法。该方法要求围绕核心需求（如“创作体验”），尽可能多地构想用户可能的使用场景（如独自沉浸创作、亲子互动拼贴、旅行途中灵感记录、作品分享后交流讨论），从中发掘设计机遇，形成多样化的功能概念。例如，在构想围绕“创作体验”的众多场景中，我们发现了用户在博物馆参观时希望了解展品信息的具体痛点，从而催生了“AR扫描识别”功能；同样地，发现了用户希望线下亲身体验的需求，推动了“体验地图与预约系统”的设计。

穷举场景法与头脑风暴法类似，均源于发散性思维而具有较高的创造力。但与追求数量最大化、暂不评判的头脑风暴不同，穷举场景法通过预设“使用场景”这一框架进行发散思维。场景的限制（聚焦方向）让创意聚焦于更可能发生的用户情境中，从而提升了创意的指向性和相关性，在需求向功能转化的初始阶段能更高效地产出聚焦于核心需求的、更具可行性的设计概念。因此，在需求向功能转化的初始构思阶段，穷举场景法因其在发散中聚焦的特性，是一种非常有效且高效的设计方法。

（2）技术变革赋能 技术是实现功能的基石。设计师必须深刻理解当前技术的可行性与成熟度边界（如AI生成能力、AR识别精度、多设备协同协议），在技术框架内寻求最优解。技术不仅构成约束，其革新更驱动新的交互可能性。正如第1章所述，AIAS的发展趋势正深刻改变交互范式。设计师应敏锐把握技术前沿，探索如何利用新技术创造更自然、高效、富有情感的交互体验。

在嵌瓷体验App的设计中，理想状态是用户能通过AR/VR设备进行完全沉浸式的虚拟嵌瓷创作。然而，考虑到技术普及度、用户成本以及操作的便捷性，平板屏幕的触控交互结合AI辅助设计（如自然语言描述生成草图、智能配色建议）成为更现实的初期功能方案。技术评估帮助设计师在理想与现实之间找到平衡点。

（3）平衡中的设计决策

① 技术与供应链约束：对于涉及实体产品或线上线下结合的产品（如潮州嵌瓷的线下体验预约、文创定制），供应链的可行性（如材料获取、制作周期、物流成本）和解决方案的成熟度（如预约系统接口稳定性、支付流程、定制化生产流程）会直接影响相关功能的设计细节与实现路径。

② 商业目标融合：功能设计需考虑如何融入并服务于产品定位中明确的商业模式（如会员订阅、文创电商）。例如，“作品社区分享”功能不仅能满足用户的社交需求（源于需求列表），也为后续的“文创购买”或“联名活动”提供了潜在的商业入口（服务于企业目标）。

③ 资源与优先级：在有限资源（时间、人力、预算）下，基于定量验证的需求优先级（如Kano模型识别的必备型、期望型、兴奋型需求）将指导功能开发的顺序。高优先级核心需求（如确保“虚拟创作”流程流畅可用）优先保证，兴奋型需求（如

“个性化故事嵌入创作”）则在资源允许时实现。

通过以上程序，将第二次需求列表（表3-10）转换为功能列表（表4-1），将抽象的用户需求具体化为可设计、可开发的产品功能。与侧重描述用户期望的需求列表相比，功能规格列表更加聚焦于产品的实现层面，明确规定了系统“做什么”。它包含了为实现用户核心需求而规划的具体功能模块，如“空中戏台”“工作坊”“嵌瓷数据库”“AI助手”等。需求功能转化是连接用户研究与具体设计的创造性桥梁。它要求设计师不仅要深刻理解用户的核心诉求，还需具备开阔的技术视野和敏锐的商业思维，在多重约束下进行创新性的方案构思，为构建清晰、高效、有价值的产品信息架构奠定坚实基础。

表4-1 需求功能转换（部分）

核心需求维度	细分需求	转换后的功能方案
创作体验	嵌瓷艺术创作	工作坊模块：虚拟拼贴工具（瓷片库、拖拽操作）
	个性化创作	工作坊模块：AI风格迁移生成（照片→嵌瓷风格）
	学习嵌瓷知识	空中戏台模块：完成拼贴任务解锁知识卡片
	亲手嵌瓷创作体验	预约系统：关联线下工坊，支持定制实体化
作品价值	作品交流与互动	社区模块：作品展示、点赞、评论功能
	作品传播与消费	社区/商城模块：作品分享、打赏、购买
非遗知识	系统地学习嵌瓷知识	知识库模块：分类清晰的嵌瓷历史、工艺、代表作
	快捷了解嵌瓷文化	AR扫描模块：识别实物嵌瓷，展示图文/AR讲解
学习体验	沉浸感体验与探索	空中戏台模块：趣味叙事 AI助手：实时答疑
社区交流	分享创作/交流	社区平台模块：动态发布、话题讨论、活动组织
情感需求	独属嵌瓷的风格魅力	整体叙事和UI：融入潮汕文化元素与情感化设计
作品展示	自我成就认同	个人中心：“我的作品集”“成就徽章”系统

4.2.2 从需求功能列表到信息架构

在产品功能开发过程中，除了从需求功能转化得到的功能外，还需考虑系统的支撑性功能。支撑性功能是指支撑系统正常运行所必需的规则和功能，如用户账户管理

（登录/注册功能和个人中心）、系统设置（通知偏好、隐私选项）、帮助文档、技术支持入口等。游戏规则（攻击、防守计算规则等）、系统约束（积分、等级约束等）都属于这类支撑性功能，它们与需求功能列表共同构成了产品系统开发的“功能点集合”。

与需求列表类似，所有功能集合也需要被归纳起来，形成信息架构。信息架构是一种不刻意考虑可用性、用户体验和设计关系的信息组织形式，关注的是内容（包括功能和信息）如何在产品中系统地被组织、分类、标签化和建立关联。其核心目标在于构建一个清晰、直观、符合用户认知模型的信息结构，确保用户能够找到所需信息和功能，并理解它们之间的关系。信息架构的设计是构建范围层的关键环节，它为后续的交互流程和界面设计奠定了结构基础。一个良好的信息架构应当建立在对目标用户认知模型的深刻理解之上，并遵循逻辑性、一致性和以用户为中心的原则。它描述的是信息元素（功能、内容）之间的层级关系、分组逻辑和导航路径。

将功能规格列表转化为初步的信息架构，是一个从分散的功能点到结构化信息体系的过程。设计师需要基于对用户目标、任务流程的理解，运用逻辑思维和专业经验，对这些功能进行逻辑归类和分层组织。例如，将创作体验相关的功能（如虚拟拼贴、AI生成、作品保存）归入“创作”大类，将知识获取相关的功能（如知识库浏览、AR扫描、学习记录）归入“学习”大类，将社区互动和作品展示功能归入“社区”大类。

然而，设计师初步归纳的信息架构是否符合目标用户的真实认知习惯，需要通过用户研究方法进行验证和优化。卡片分类法就是一种常用的有效方法。该方法将功能规格列表中的各项功能（或代表功能的卡片）交给目标用户，让他们根据自己的理解和习惯对这些卡片进行分组，并为各组命名。通过分析多名（通常建议八名或以上）目标用户的分类结果，可以揭示用户对功能关系的自然认知模式，从而验证或调整设计师提出的信息架构草案，确保其更贴近用户认知模型，并进而指导系统的导航设计、信息模块化设计等，以降低用户的学习和使用成本。

综上所述，从需求列表到功能规格列表，再到信息架构的构建，是一个从理解用户期望到规划系统能力，再到结构化呈现这些能力以供用户有效使用的递进过程。

4.2.3 从信息架构到产品地图

信息架构解决了产品内容与功能的静态组织逻辑问题，它定义了信息的分类、层级关系和标签系统，确保用户能够理解“有什么”以及“在哪里找”。然而，信息架构主要关注内容的结构，相对较少考虑用户如何动态地与这些内容交互以达成目标。交互设计的核心则在于用户如何执行任务，即用户为完成某个目标所经历的一系列行为和决策过程。

为弥合静态信息结构与动态用户行为之间的鸿沟，需将信息架构进一步转化为以用户任务流程为核心的产品地图。产品地图是交互设计在结构层的关键产出物之一，它是一个高层级的、视觉化的蓝图，聚焦于描绘用户如何与产品互动以完成其核心目标。如果说信息架构是建筑的楼层索引和房间分类，那么产品地图则是清晰标识从入口到核心目的地的最佳路径导航图。

产品地图的核心是以用户目标为中心。例如，在嵌瓷体验App中，“深度体验嵌瓷文化”“创作个性化作品”“便捷预约线下活动”等目标，均源于第3章构建的用户画像及其核心需求。它围绕用户达成这些目标所需经历的关键任务路径展开，清晰地描绘用户在产品中实现一个或多个主要目标的典型路径，并标示过程中的关键步骤、决策点和状态转换。

构建产品地图的过程，本质上是将信息架构中定义的功能模块，按照用户完成任务的逻辑顺序和效率原则进行串联与组织。它展示了支撑用户每一步操作所需的核心功能模块（如“首页”“搜索”“知识库”“创作工坊”“社区”“我的”）及其间的导航关系。产品地图不仅显示“有哪些功能”，更强调“这些功能在何时、何地、以何种方式被用户使用”，以及用户如何在功能模块间移动。其核心目标不仅仅是确保流程设计符合用户的认知模型（用户预期的操作方式），并且能够高效、顺畅地引导用户完成目标，从而缩小执行鸿沟。

一个有效的产品地图通常包含以下关键要素：①**用户核心目标**，明确地图服务于哪个或哪些核心用户目标；②**关键任务路径**，可视化用户从启动产品到完成目标所经历的主要步骤序列，例如，启动App→浏览首页发现“创作”入口→进入工坊选择模板或自由创作→保存/分享作品→查看社区反馈；③**核心功能模块**，标识路径中涉及的主要功能屏幕或区域；④**流程可视化**，使用清晰的图示（如带箭头的方框图）展现步骤的顺序、可能的决策分支（如保存草稿还是直接发布）和模块间的跳转关系。

图4-1展示了一个嵌瓷体验App的产品地图，该图勾勒出用户从“文化认知”（通过“空中戏台”或“知识库”模块）出发，进入“虚拟创作”（“创作工坊”模块），最

终导向“线下转化”（“预约体验”或“社区分享”）的核心任务流程。它明确了主要功能模块（如“首页”“我的”“嵌瓷社区”）如何支撑用户在主路径上的活动及其相互关联。这种高层流程规划为后续的页面流程设计和界面设计提供了不可或缺的框架。

产品地图是连接战略层、范围层与框架层、表现层的关键枢纽。它将前期研究成果转化为一个以任务为导向的系统结构，指导具体设计。通过定义用户旅程的关键路径，产品地图可确保后续交互流程与界面设计紧密围绕用户核心任务展开，最终实现高效、愉悦的用户体验。同时，它为理解典型交互流程逻辑（如“首页→列表页→详情页→结算页”，详见4.4节）在产品中的具体应用提供了顶层规划。

图4-1　产品地图

4.3　用户任务

在明确了产品的战略定位并将用户需求转化为具体的功能列表与信息架构之后，交互设计的核心工作聚焦于如何让用户高效、流畅地使用这些功能达成目标，这便引入了用户任务设计的概念。用户任务是指用户为达成特定目标，在产品使用场景中执行的一系列可观察、可分解的操作序列与认知决策过程，其本质是将抽象的产品功能转化为具象的用户行为流。

产品地图为交互设计提供了高层级的用户任务蓝图，明确了用户达成核心目标的关键路径和功能模块关系。用户任务可以理解为产品地图的详细解释版本，其核心特征包括目标驱动性、场景依赖性、行为可拆解性以及认知与情绪参与性。

（1）目标驱动性 任务始终服务于用户的核心目标，是为实现目标而展开的从开始到结束的所有行为操作链。例如，在潮州嵌瓷体验App中，“创作并分享嵌瓷作品”就是一个核心用户目标，对应的任务包括“发现创作入口”“学习操作”“选择素材”“设计创作”“保存/分享”等具体操作序列。

（2）场景依赖性 任务执行受限于具体场景，如“首次使用App的新手在家中尝试创作”“游客在博物馆现场结合AR学习嵌瓷”，甚至是多个序列的场景（用户旅程图）。场景影响着用户的行为模式、注意力水平、信息需求和操作习惯。因此，穷举场景往往能够促使创新设计的产生。

① 通勤等碎片化场景：要求任务路径极简，如快速查找知识卡片，信息快速加载，核心操作（如播放/暂停）易触发。该场景下更适合使用手机终端执行任务。

② 在线沉浸创作场景：可设计更丰富、步骤稍多的流程，如多步瓷片拼贴，支持更精细的操作，如旋转/缩放操作。该场景下更适合使用平板等大屏幕终端执行任务。

③ 现场混合场景：需考虑物理环境与数字界面的结合，如扫描实物触发AR讲解，任务流程需与现场导览逻辑匹配。因此，该场景下需要结合多种软硬件执行任务。

（3）行为可拆解性

① 行为单位：用户任务由行为流组成，其基本单位为单个的行为操作。不同阶段的行为具有不同的特征，不同用户画像也有不同的行为习惯。将复杂目标拆解为符合逻辑且可管理的子步骤更有利于分析不同用户画像与不同阶段的交互行为。

② 交互单位：确保每一步操作都直观、易学，符合用户基于过往经验形成的认知模型。同时，确保用户的每一步操作，系统都会有即时、可理解的反馈，如点击后高亮、操作成功提示，使用户始终知晓系统状态和自身位置。

③ 容错与恢复：预判可能的操作失误，如选错时段、误删作品等。在每一个完整的用户任务中，应该有撤销、重做或清晰的错误提示与纠正路径的设计规范。

（4）认知与情绪参与性

① 认知模型与行动模型：在李乐山的《人机界面设计》中，定义了认知模型是用户基于过往经验、知识和直觉形成的对系统运作方式的内部理解，这种理解未必准确，但会直接影响用户如何预期系统行为并规划操作。行动模型是用户为达成目标而执行的具体行为序列，包括物理操作（点击、拖拽）和认知决策（选择选项、判断状态）。由于显性行为由隐性认知决定，所以在不同阶段的行为中，用户的认知加工具有不同

的状态特征，用户任务设计需符合用户认知模型。任务流程的结构、术语（如按钮标签）、图标含义、信息组织都应贴合用户的认知习惯。例如，在嵌瓷体验App中，用户期待“拖拽”瓷片进行拼贴，这是基于实物拼贴的认知模型的结果，行动模型必须提供流畅的拖拽交互。

② 减轻认知负荷：避免信息过载、模糊术语或复杂的决策逻辑。利用清晰的信息层次、符合直觉的隐喻、一致的交互模式、及时有效的帮助，降低用户在理解任务和操作过程中的脑力负担。

③ 情感化融入：认知过程伴随着情绪的产生，设计可通过微动效、愉悦的音效、积极的视觉反馈，如拼合成功时的闪光等设计，创造积极的情绪体验，提升用户完成任务的动力和满意度。理解用户在任务各阶段，尤其是决策点和操作反馈点的潜在情绪波动至关重要。

任务（目标，代表人:Don Norman)-场景（空间，代表人:Alan Cooper)-旅程（时间，代表人：Jim Kalbach）三位一体结构被视为交互设计研究中的黄金结构，广泛应用于指导以用户为中心的交互设计全过程，可以将其视为交互设计实践中的“核心支柱”或“黄金实践框架”。

从交互设计师的角度看，用户场景（4.3.1节）与用户旅程图（4.3.2节）分析起到关键作用，用户场景可以理解为用户旅程图的横断面，用户旅程图由多个用户场景分析组成。它们将产品功能，尤其是核心功能部分，进行拆解并规划为目标用户在特定场景下可执行的具体操作序列，这是一个很能体现交互设计师能力的阶段。从终端用户的角度看，用户任务设计最后表现为一个个清晰的交互流程路径以及交互界面节点。从交互流程（4.4节）设计目标看，是要实现最小化路径长度（如减少跳转步骤）；从交互界面（4.5节）设计目标看，是要实现最大化节点效率（如一键加入购物车），即任务完成率=流程畅通性×界面易用性。

4.3.1 用户场景

用户场景指用户使用产品时所处的具体物理或数字环境、情境状态，如通勤途中碎片化浏览、家中专注创作、线下工坊边看实物边操作。场景影响着用户的行为模式、注意力水平、信息需求和操作习惯。场景会影响用户对系统行为的心理模型。例如，在室外环境中，用户会更期望语音交互，若界面（表现模型）隐藏了语音输入入口，则会造成挫败感。用户场景制约着行动模型的设计，在通勤的碎片化场景中，流程应简洁，信息需快速加载，核心按钮应易点击。在沉浸式场景中，则可设计更丰富、步骤稍多的创作流程。

用户场景不是孤立的环境参数，而是包括角色、环境（物理环境、数字环境）、目标（场景化任务目标）、行为（场景约束下的操作）、约束（场景限制条件，如屏幕小、注意力分散等）等要素的交互系统，需要解析任务执行的时空背景与约束条件。

以潮州嵌瓷体验App为例，在通勤的碎片化场景中（图4-2），用户心理模型期望快速获取嵌瓷知识或完成简单任务。表现模型设计应突出“快速学习”或“今日挑战”等用户任务，这些任务设计简洁，且路径短、步骤少。

图4-2 碎片化场景分析

在线下工坊场景中（图4-3），用户心理模型期望深度参与、线上线下联动。表现模型设计可强化“扫描实物获取AR讲解”“预约同款体验”按钮，创作流程允许更复杂的步骤，允许更长路径、更多交互。

图4–3　线下工坊场景分析

4.3.2　用户旅程图

用户旅程图是用户场景在时间线上的展开，为更深入地理解用户在产品使用过程中的微观体验，往往在用户旅程图分析时增加更多的分析，如在特定情境下的行为细节、情感波动以及遭遇的具体障碍或惊喜点。用户旅程图是一种强大的可视化叙事工具，它构建了一个用户角色在特定场景中为达成具体目标所经历的全过程故事。用户旅程图聚焦于描绘用户在完成该目标时所经历的具体阶段与产品的交互触点，用户在该触点的具体行为、内在想法与感受，以及最为关键的情绪体验曲线，并从中识别设计改进的机会点。

构建一个完整的用户旅程图通常包含以下核心要素。

（1）用户角色　基于用户画像的具体化代表，赋予其姓名、背景、动机。例如，李明，25岁，设计师，对传统工艺好奇，想体验亲手制作。

（2）场景与目标　明确的、具体的场景描述和用户在该场景下要达成的单一目标。例如，周末在家，首次使用嵌瓷体验App的“工作坊”功能创作妈祖挂饰。

(3)旅程阶段 将达成目标的过程分解为若干个逻辑阶段。例如，发现功能→学习操作→选择素材→设计创作→保存分享。

(4)触点 用户在每个阶段与产品的界面元素、提示信息、反馈及相关服务（如线下材料包、客服）等发生交互的具体接触点。

(5)用户行为 用户在触点上执行的具体操作。例如，点击“新手引导”按钮，反复尝试拖拽瓷片。

(6)用户想法/感受 用户在该触点进行行为时的内心独白、疑问或期望。例如，这个工具怎么用，这个瓷片颜色选对了吗，希望能看到更多妈祖主题的参考。

(7)情绪曲线 以一条随时间变化的曲线直观展示用户在旅程中的情绪波动，从高峰（愉悦、惊喜）到低谷（沮丧、困惑），这是用户旅程图最具洞察力的部分。

(8)痛点与机会点 在情绪低谷或行为受阻处清晰标注用户遇到的痛点，并基于此提出潜在的设计改进机会点。

按照不同的典型时间序列进行用户旅程图设计是常见的逻辑。在嵌瓷体验App中，我们依据用户体验前、中、后的三个阶段归纳其需求痛点（表4-2），基于这些痛点分析，我们有针对性地进行产品初步功能构思。解决“体验前信息缺乏权威整合平台”的痛点，打造“潮州嵌瓷数据库”功能，用户可按分类查找详细的嵌瓷文化信息。解决“体验前嵌瓷体验零散，文化工艺理解难以深入”的痛点，设计“空中戏台”功能，在屋顶放置各种类的潮州嵌瓷文化的故事和人物供用户进行拼贴，完成后积累对应的知识卡片，达到有趣体验与文化认知的双重效果。为满足用户情感寄托与潮汕文化共鸣的需求，开发允许用户将情感寄托于以潮州嵌瓷形式呈现的不同类型神明形象的功能，实现用户与神明对话的隐喻表达。

表4-2 嵌瓷体验App的需求痛点总结

行为阶段	需求痛点	痛点描述	设计策略
体验前	信息碎片化，缺乏权威平台整合	用户在网络上了解的嵌瓷信息繁杂浅显，无法深入理解文化内涵，缺少共鸣	短视频/游戏化传播；通过在线拼贴模拟嵌瓷拼贴过程；线上线下活动相结合，并整理嵌瓷体验地图给用户提供不同的文化体验场所
	嵌瓷体验渠道有限且嵌瓷线下文化地点较为分散；线上缺少深度讲解与审美设计感并存的科普材料	线下嵌瓷相关活动分布少而散；线上深度学习不足，缺少获取途径，同时宣传材料过时，缺失当代审美感	

续表

行为阶段	需求痛点	痛点描述	设计策略
体验中	嵌瓷体验作品同质化严重；科普馆缺乏导览，用户难以理解文化内涵；深度信息呈现方式枯燥	嵌瓷体验类型雷同且简单，缺乏多样性；由于专业人员有限，用户缺乏深度文化解读；深度信息仅陈列单向输出，用户认知兴趣低	提供多种创作模板样式供用户选择，支持用户个性化创作；利用AI新技术智能答疑，智能指导用户动手制作嵌瓷
体验后	携带不便；购入的文创产品实用性较低；缺乏持续互动机制；缺乏社群结构，同好难以交流	体验后缺乏“打卡式”包装，缺乏社交分享性；无后续活动参加，造成“一次性”体验，无法与潮州嵌瓷文化产生持续互动；缺少嵌瓷作品的交流平台	体验后颁发实体奖励等，提供后续修缮服务以及进阶型嵌瓷活动，并持续为用户推送嵌瓷相关的最新信息与活动提醒，建立嵌瓷体验交流板块

图4-4展示了一个嵌瓷体验App用户在“创作并分享作品”目标下的旅程图。该图描绘了用户“李明”从启动App开始，经历“发现创作工坊”“学习操作”“创作过程”到最终“分享作品”的各个阶段。在每个阶段，它标示了关键触点（如“浏览首页推荐”“观看教学视频”“尝试拼接瓷片”“点击保存按钮”）、李明的行为与想法，并通过情绪曲线展现其在操作顺利时的愉悦和遇到困难时的挫败感。在这些情绪低谷和痛点区域，旅程图帮助我们识别出关键的优化机会，并体现了“峰终定律”对用户体验记忆的影响。旅程图识别出的痛点与机会点，为后续交互流程优化（如4.4节）、界面元

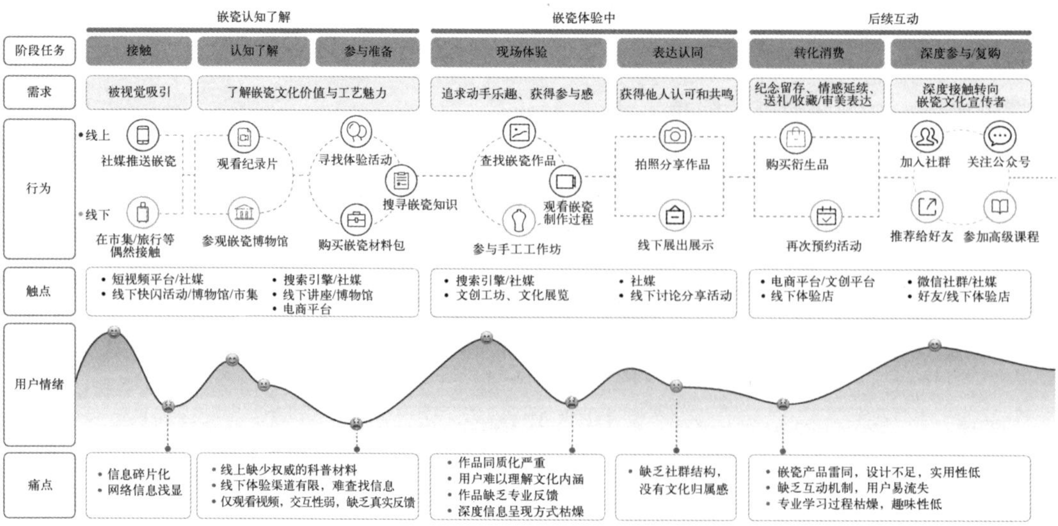

图4-4　嵌瓷体验App的用户旅程图

素调整（如4.5节的表现层设计）及整体体验提升提供了实证依据与设计方向。它能确保设计决策不仅关注任务完成，更关注用户在完成任务过程中的感受与体验质量，是实践“以用户为中心的设计”理念的重要工具。

4.4 交互流程：用户任务的路径

交互流程是实现用户任务的动态路径序列，描述用户与产品交互时经历的操作步骤、系统反馈及界面跳转关系，其本质是任务执行的路径蓝图，是将用户目标转化为具体操作的关键设计环节。

在数字化、智能化产品设计中，“首页→列表页→详情页→结算页”这一交互流程逻辑因其高度概括了用户“任务探索→任务筛选→任务执行→任务完成”的典型任务模式而被广泛应用。绝大多数的数字化、智能化产品都符合这一交互流程逻辑（图4-5和图4-6），它并非刻板的模板，而是对用户认知规律和行为模式的提炼，清晰地映射

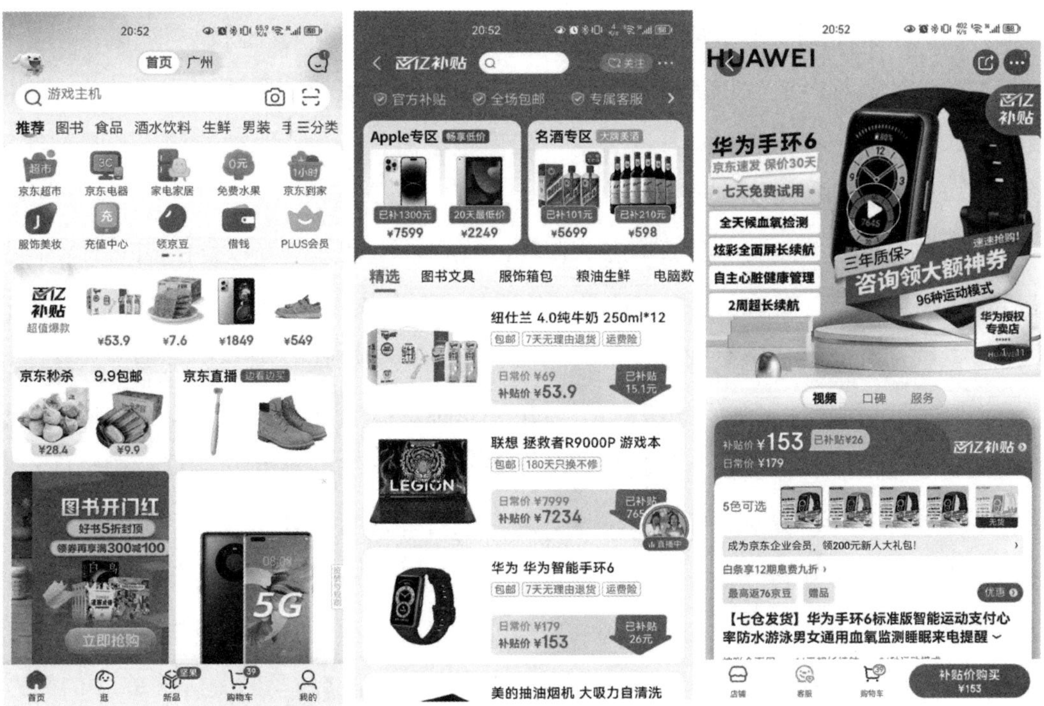

图4-5 电商界面

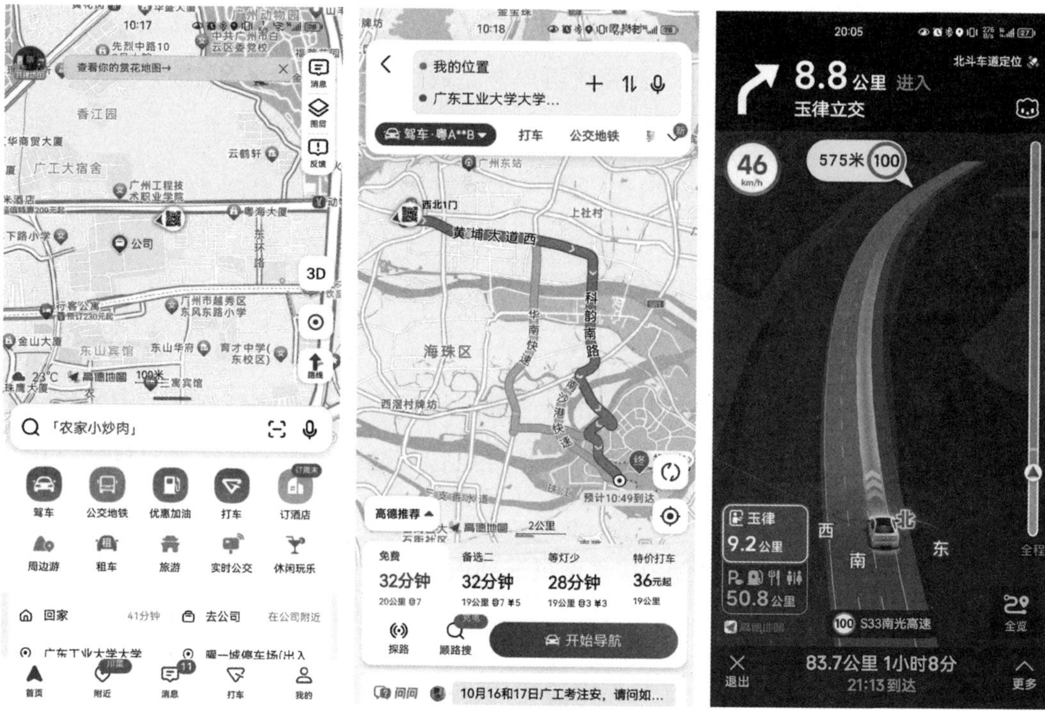

图4-6　地图界面

了用户从启动探索到目标达成的四个关键认知与行为阶段，每个阶段承载着不同的用户状态与设计目标，是实现流畅高效交互体验的关键。设计师需要深刻理解每个阶段用户的认知状态、行为特点和核心诉求，确保整个流程有效、高效、愉悦，最终实现用户目标与产品价值的完美契合。

随着智能化技术及其产品新形态的发展，AIAS的主动式交互以及Human-AI协同的盛行，可能会逐渐改变这一交互流程设计的逻辑。如果AIAS或者AI Agent能够精准识别用户意图，列表页这一步骤则会显得多余，更高效（如跳过列表页直接进入任务执行的详情页）、更自然（如系统级的AI Agent可能会代替传统首页的交互入口）的交互模式将应运而生。抖音的信息流推荐就是一个典型例外，其交互流程与传统应用存在显著差异。其一，算法替代路径探索。抖音通过算法将推荐内容直接定位为用户目标，省去了“任务探索→任务筛选→任务执行→任务完成”的传统流程。虽未严格遵循物理路径，但算法本质上是在更高维度优化了任务效率，抖音的逻辑就是精准识别用户意图，所推荐的短视频即用户所需的任务，这一步能够成功的关键就是AI的能力。所以，在AIAS时代，设计师不仅需要研究用户认知，还需要对Human-AI的协同交互进行深入的研究。交互设计师需根据产品定位（如信息消费型和任务完成型）灵活应用该逻辑。其二，用户消费非预期短视频的边际成本较低，因为短视频的时间损耗较小，相较主动寻找目标内容可能更经济。

交互流程有以下几个设计要点：①**效率与清晰**，交互流程应高效、步骤明确、路径清晰，避免冗余步骤或可能导致迷失的复杂分支，如“预约线下体验”的行动模型应是“找到活动入口→选择活动→填写信息→确认支付→获得凭证”；②**反馈闭环**，交互流程的每一步操作都应获得系统的即时、清晰反馈（表现模型的核心部分），让用户确知操作已被识别并获得结果，这是连接用户操作（行动）与系统状态（实现模型）的桥梁；③**容错设计**，预判用户可能的错误操作（源于心理模型偏差或操作失误），在行动模型中设计恢复路径（如“撤销”“返回”“错误提示与纠正建议”）。

交互流程设计通常通过线框图或低保真交互原型进行表达和验证，其核心是将产品地图规划的关键路径与用户旅程图识别的痛点洞察转化为可被评估的系列行为步骤。

4.4.1 线框图

线框图侧重于逻辑结构和流程，制作与修改成本低，便于在早期进行多方案比较和快速迭代优化。它通过简单的几何图形（菱形代表操作点，方框代表反馈页面，箭头代表流程走向）预定义用户完成任务所需的操作选项结构与执行顺序。作为设计、开发、产品经理等多角色间的“通用语言”，线框图能确保团队对核心交互逻辑的理解一致，清晰描绘用户操作路径和系统响应逻辑，是验证任务流程合理性的高效工具。

图4-7展示了潮州嵌瓷体验App预约流程的线框图草案。该图清晰呈现了用户完整的交互路径：从“首页”发现活动入口，进入“活动列表页”浏览筛选活动；再通过点击目标活动进入“详情页”了解信息；最终触发“预约”操作跳转至“预约信息填写页”并提交预约（结算页）。箭头明确指示了流程走向与触发条件。这种表达方式能高效地传递核心流程，便于团队在视觉设计阶段前达成共识并开展评审。

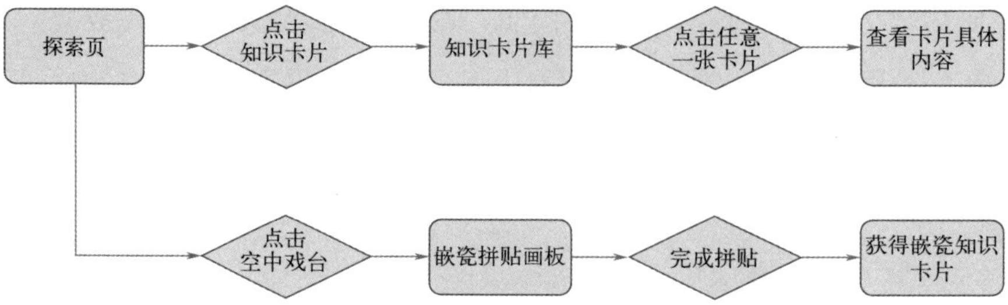

图4-7　线框图

线框图的绘图工具有很多，以Figma、Axure RP等交互原型设计软件为代表的软件广受交互设计师的青睐，功能都很完善。Microsoft Office Word内置的Visio模块因支持矢量绘图以及在Microsoft Office Word生产场景中的应用而广受欢迎，可便捷绘制逻辑清晰的线框图。随着AI绘图的流行，通过AI输出的SVG代码及其相应格式的文件，能够被导入Visio并进行二次编辑（可能会有一些兼容性问题），进一步提高了绘图效率。

事实上，这种技术演进正预示着更深层的变革。随着生成式AI能力的持续突破，线框图设计、界面实现等大量部分标准化工作将会被AI接手。例如，分工明确的AI agent可以分别专注于交互原型构建、界面视觉设计乃至前端代码生成。人与AI的关系将从“工具使用”转向“智能协同”，即交互设计师作为主导者，与多个AI agent并肩合作，共同推进产品从概念到实现的整个过程。在这种范式下，交互设计师的职能重心将更侧重于其核心优势：深度理解用户需求，构建创新解决方案，掌控整体体验策略。因此，积极拥抱并从传统的设计流程转向“人机协同”的新范式，对交互设计师而言不仅是应对挑战，更是放大自身价值的战略性机遇。交互设计师应该尽早从传统的设计范式转变为人机协同的设计范式。

4.4.2　页面跳转图

页面跳转图（亦称流程示意图或导航流）的核心在于能清晰展现用户完成特定任务时所经历的界面序列及其动态转换关系。它通过可视化用户路径帮助识别流程中的冗余步骤或潜在死循环，并明确标注触发状态转换的关键要素——用户操作（如点击“购买”按钮、滑动删除）和/或系统条件（如“登录成功”“表单验证通过”），这些触发条件需标注在连接界面节点的箭头旁。为直观表达跳转逻辑并精确定位触发控件，页面跳转图通常借助低保真或高保真原型（图4-8）作为载体。此类原型在线框图基础上增加了具体界面布局（框架层）与基础视觉元素（表现层），能模拟用户操作路径，清晰呈现交互触发点及界面转换逻辑。

图4-8 基于页面/控件的交互流程

其中，低保真原型因其平衡效率与清晰度而被广泛采用。相比纯线框图，其工作量虽稍增，但通过灰度色调和占位符（方框表示内容区域，线条表示分隔元素，占位符图标/文字指代功能组件），并刻意忽略视觉细节（色彩、图片、精细字体），能有效聚焦信息层级、功能布局、导航结构及用户流等核心交互逻辑。其核心目标是传达流程本质，无须过度追求视觉表现。常用工具包括Figma、墨刀、Axure RP、Adobe XD等。

4.5 交互界面：用户任务的节点

交互流程设计确立了用户完成核心任务的行动路径。接下来的关键步骤是将这些抽象的任务流程转化为用户可以直接感知和操作的具体界面。界面是系统和用户之间进行信息交换和交互操作的媒介，是用户和产品之间的一座桥梁。界面设计可以细分为框架层和表现层两部分。其中，框架层关注界面元素的空间布局、组织关系和导航结构，为信息与功能提供承载的“骨架”；表现层则聚焦于视觉元素的审美表达和感官体验，为“骨架”赋予“皮肤”与“气质”。本节从设计实践的角度，直接从“首页→列表页→详情页→结算页”的设计逻辑出发，基于定量化设计思维为首页设计提供了思路。

4.5.1 首页设计

首页作为用户接触产品的首要界面，不仅是产品功能与内容的入口，更是产品定位、核心价值和企业目标的集中体现。它扮演着连接用户目标与产品战略的关键角色，其设计质量将直接影响用户的第一印象和使用旅程的开启（图4-9）。

图4-9　首页设计

首页设计需要考虑以下几个因素。

（1）体现核心价值　在前期研究中，我们明确了产品的战略定位（4.1节），即“为谁（who）”“做什么（what）”“为何存在（why）”“在何处何时可用（where/

when）”以及“如何融入生态（how-ecosystem）”。首页设计必须精准锚定这一战略核心，清晰传达产品价值主张。同时，首页也是实现范围层规划（4.2节）中信息架构的起点，是用户开始探索、理解产品结构和功能的门户。最重要的功能和内容必须紧密契合目标用户画像（第3章）及其核心需求和偏好。因此，导航的起点、内容主题分类、高频菜单入口的设计，都应直接指向用户的核心目标。这意味着，基于扎实的用户研究，首页的tab命名、核心视觉元素及其布局框架（容器）能够被清晰定义并确保与用户目标一致。

首页设计不仅仅是用户目标的单向表达，它也是融合企业目标与生态目标的关键触点。企业目标（如品牌形象塑造、关键功能推广、会员转化、活动引流）和生态目标（如连接线下服务、展示合作伙伴、引导用户进入特定平台功能）需要在首页设计中找到恰当的展现位置和方式。这种融合需要巧妙的平衡，既要确保企业希望用户关注的元素（如“热门线下活动”“会员专享内容”）获得足够的曝光度，又不能喧宾夺主，掩盖或干扰用户核心目标的达成路径。策略性地将这些企业/生态目标入口置于用户核心路径的“顺路”位置（如浏览完核心内容后的推荐区、完成主要任务后的引导页），或通过设计手段（如品牌色系、特色图标、适度的视觉强调）进行自然融入，是更优的选择。例如，在嵌瓷体验App首页，核心区域聚焦于“创作”与“学习”两大用户目标入口（“工作坊”和“空中戏台”），而“最新活动”或“体验馆预约”等企业/生态目标入口则可置于首屏下方或次级导航入口，既保证可见性，又不干扰核心任务。

（2）符合探索启动的任务特征 此时用户目标可能是模糊的（泛浏览）或相对明确的（寻找特定入口）。用户的视觉注意力处于注意广度状态，倾向于快速扫描整体界面而非深入阅读。因此，首页设计的首要任务是清晰、直观地展示产品的核心模块和导航结构，帮助用户快速理解“有什么”以及“在哪里”。这要求信息架构的逻辑层次分明，导航入口的设计符合目标用户的认知习惯，让用户对产品功能布局形成初步地图感。这通常通过底部/顶部导航栏、核心功能入口以及内容分类展示来实现。导航设计的形式（如底部tab式、舵式、抽屉式、分级导航、滑动tab式）需根据信息的层级复杂度和用户的核心任务频率来选择。例如，核心功能（如嵌瓷体验App的“创作工坊”“空中戏台”）应优先采用固定式导航（如底部tab），确保高频任务入口随时可见；而次级或低频功能则可考虑抽屉式或分级导航进行收纳，以保持首页的简洁性。

（3）降低决策负荷 首页信息呈现必须层次分明，核心功能与内容突出，避免信息过载导致用户迷失。这需要设计师深刻理解第3章定量分析提炼的用户核心需求维度及其优先级（如Kano模型识别的兴奋型、期望型需求）。应将满足用户核心目标的功能（如“快速进入创作”“查找权威知识”）置于视觉优先级最高的位置（如首屏中央、导航栏首位），运用色彩、大小、间距等视觉手段强化其可发现性。同时，首页应避免过度堆砌次要信息或过早引入复杂的商业推广，以免干扰用户的核心目标达成路径。

（4）体验目标与价值目标 除了上述聚焦功能与效率的用户任务目标之外，塑造良好的体验目标与价值目标同样至关重要。首页作为塑造产品气质、传递品牌调性的首要窗口，视觉设计（色彩、字体、图形、动效）、交互细节（微动效、反馈）以及文案风格（品牌语言）都需要紧密围绕产品定位和用户情感诉求（如嵌瓷体验App的文化底蕴、现代感、创造性）。情感化设计元素（如符合潮汕嵌瓷特色的色彩体系、体现拼贴工艺的视觉隐喻、流畅愉悦的交互动效）能够有效触动用户情感，在首页就建立起积极的情感联结，提升用户黏性。首页所营造的整体氛围应能呼应目标用户的价值追求（如文化认同感、创造力表达、便捷高效体验）。

4.5.2 列表页设计

列表页是用户从首页的广泛探索转向目标聚焦的过渡环节，意味着此时用户正处于寻找和筛选任务的过程中，需要将同种类型的入口按照用户的认知模型呈现给用户，方便用户不假思索地找到想要的任务入口。当用户通过首页导航或搜索进入特定信息范畴（如“嵌瓷知识库”“创作模板库”“线下活动列表”）后，列表页承担着高效呈现选项、辅助用户筛选决策的核心任务。用户在此阶段的目标相对明确（如“找一个妈祖主题的创作模板”），注意力从泛浏览转向定向筛选与比较，认知负荷集中于信息匹配效率。因此，列表页设计需精准服务于“目标选择”阶段的用户需求。

列表页设计需要构建清晰的信息框架，帮助用户快速缩小目标范围，提供高效浏览与筛选路径（图4-10）。

（1）结构化分类与标签 基于信息属性划分逻辑进行分组，如知识库按“历史/工艺/代表作”分类，活动按“体验类型/地点/时间”设置标签。分类层级需简洁（通常不超过两级），避免嵌套过深而增加操作成本。

图4–10 列表页设计

（2）动态过滤机制 提供可组合的筛选条件（如“难度：初级”“类型：神明故事”“收藏量>100”），支持用户动态缩小范围。筛选控件需直观易用（如复选框、滑块、分段控件），结果应实时刷新以减少等待。

（3）全局搜索与排序 在列表页顶部保留搜索栏，支持关键词精准定位；提供按相关性、热度、时间、评价等多维度排序的选项，适配不同决策策略（如效率优先或品质优先）。

（4）关键属性外显 每条列表项需包含核心识别属性（如知识标题+简介+难度标签，活动名称+时间+地点+缩略图），属性的选择应基于用户决策因子（如第3章需求分析中的“创作体验”“时间成本”优先级）。

（5）视觉降噪与层次 运用间距、分组、字体权重建立视觉层次，确保信息可被快速扫描（如标题加粗、标签高亮、次要信息灰度化）。避免过度装饰干扰内容识别。

（6）智能内容预载 对于高频操作项（如“收藏夹”“最近浏览”）提供快速操作

入口（如“继续学习”按钮），预加载关键状态（如进度条）以提升操作连贯性。

4.5.3 详情页设计

在“首页→列表页→详情页→结算页”的用户核心任务流程中，详情页扮演着至关重要的角色。当用户通过首页的导航引导或列表页的筛选比较，最终聚焦于某一特定目标（如深入了解一件嵌瓷代表作、启动一项虚拟创作任务或决定预约一个线下体验活动）时，详情页便成为用户深度交互与价值转化的核心舞台。此时，用户已从泛浏览、筛选比较的状态进入高度专注的目标执行阶段，认知资源高度集中于理解信息、评估选项或完成特定操作。

详情页设计的核心挑战在于平衡信息深度与可理解性、操作效率与防错性、功能实现与情感共鸣（图4-11）。用户在此阶段期望获得全面、准确的信息以满足其深度认知需求（如嵌瓷的历史背景、工艺细节、文化内涵），或需要清晰、便捷的操作路径以

图4-11 详情页设计

高效完成任务（如启动创作、预约活动）。同时，用户也更容易受到信息过载或界面干扰的影响，导致认知负荷增加、操作中断或体验满意度下降。因此，设计必须严格规避冗余信息和不必要的操作干扰（如无关的弹窗广告），确保界面元素紧密围绕用户当前的核心任务。

基于用户在此阶段的状态和目标，详情页的设计策略主要围绕以下几个方面展开。

（1）支持深度交互与价值转化 详情页的核心价值在于提供完整、准确、结构化的关键信息。信息架构需逻辑清晰，重点突出。例如，在嵌瓷代表作详情页中，信息应分层组织：背景层清晰展示标题、关键属性（年代、位置、工艺类型）；核心层通过高清图片（支持360° 查看）、分段文本（如“历史渊源”“工艺解析”“象征意义”）以及可能的辅助音视频，深入呈现文化内涵；操作层则将核心行动按钮（如“开始临摹”“AR导览”“预约同款体验”）固定于可视区域（如底部悬浮），方便用户随时调用；延展层则可提供关联推荐（如“相关知识点”）、用户互动（如评论/提问区）等辅助内容。这种分层结构有助于用户按需获取信息，降低认知负荷。

（2）任务引导与认知减负 详情页的设计必须强力聚焦于用户在此触达点的单一主任务（如深入学习、启动创作、完成预约）。首要任务是移除或弱化所有与当前主任务无关的信息和操作入口。主操作按钮（如“开始学习”“立即创作”“立即预约”“加入购物车”）应放置在视觉优先级高且符合操作习惯的位置（如屏幕底部固定或悬浮），确保用户能迅速定位。操作流程应尽可能精简直接，对于多步骤任务（如预约需选择时段、填写信息、支付），需设计清晰的分步引导（如折叠流程、步骤指示器），并在每一步提供即时、明确的反馈。操作响应时间需控制在用户可接受的范围内（通常期望小于1s），避免因等待造成的挫败感。

（3）情感化设计 详情页不仅是功能实现的场所，也是塑造积极情感体验、建立文化或品牌认同的关键触点。优秀的情感化设计能显著提升用户满意度和记忆度。

① 将功能融入场景故事。例如，在嵌瓷知识学习页可采用“穿越匠人工作室”的叙事框架串联知识点，增强沉浸感；在创作详情页时，画布背景可模拟潮汕祠堂屋顶的质感。

② 为操作细节赋予情感反馈。例如，在嵌瓷拼贴操作中，拖拽瓷片时可加入细微的碎石摩擦音效，拼合成功时触发瓷片“吸附”动效并伴随清脆悦耳的成功音效和金

光绽放的视觉反馈，强化操作的正向激励。

③ 界面元素可巧妙地融入文化符号。例如，保存按钮可设计成“嵌瓷刀”的图标样式，进度条形似瓷片拼缝，色彩体系呼应潮州嵌瓷特有的釉色（如蓝、绿、黄），字体选择体现传统韵味或现代简洁感，共同构建独特的文化氛围和品牌调性。

4.5.4 结算页设计

在“首页浏览→列表页筛选→详情页深度认知/决策→结算页支付确认”这一核心商业闭环中，结算页扮演着用户信任的最终验证与价值转换的临门一脚的角色。当用户历经前期探索、筛选比较并最终在详情页做出购买决策（如预约嵌瓷体验活动、购买文创产品）或学习启动决策后，结算页成为其信心落定、完成交易的最终确认阶段。此时，用户状态发生显著转变，其核心目标从深度认知/决策（详情页阶段）迅速转向高效、安全、无阻力地完成支付流程。用户注意力高度聚焦于交易细节的准确性与操作流程的顺畅性，但同时，其行动焦虑也达到顶峰——任何干扰、不确定性或操作复杂性都可能导致用户放弃支付，使得前期的转化努力功亏一篑。当详情页内容单薄时，用户甚至可能未建立足够信心就贸然进入结算，从而增加弃单风险。

结算页设计的核心矛盾聚焦于构建交易安全感（建立信任、消除疑虑）与追求操作极致效率（减少摩擦、避免弃单）两者间的精妙平衡（图4-12）。

信任危机与安全感构建：用户对敏感信息（尤其是支付信息）的处理格外警觉，担心信息泄露、交易安全以及最终承诺是否兑现（如能否成功预约到心仪的嵌瓷体验时间）。设计必须提供坚实的信任背书（如支付安全标识、隐私政策、明确的售后保障），并确保信息绝对透明与准确。

效率至上与操作摩擦：用户在“支付动作”阶段耐心最低，任何不必要的步骤、复杂的填写要求、意外的弹窗或缓慢的加载都极易导致弃单和用户流失。设计必须简化流程、预填充信息、减少输入（尤其是手动输入支付信息）、优化响应速度（如支付环节）。

基于用户在结算页的核心目标与状态以及上述核心挑战，该页面的设计策略应紧紧围绕以下关键原则展开。

图4-12　结算页设计

① 确认清晰、信息透明是基石。必须将订单核心信息（如项目名称、选定时间、人数、清晰拆分后的总价、取消政策等关键权益）以可视化的方式简洁地聚合在页面顶部，重点突出关键信息（如加粗金额）。对不可修改的核心决策属性（如时间），应在醒目位置明确标注用户选择（如“您预约的时间：8月15日14:00—16:00”），并提供引导性的“去修改”链接，确保用户可快速确认或返回修正。所有费用明细必须无死角展示，明确计算规则，杜绝隐藏费用。

② 流程精简、操作防错是转化关键。设计需极致简化输入路径，优先采用预填充技术、便捷选项（如选择发票类型）替代键盘输入，并引导用户使用已绑定的支付方式。设置安全默认值，并对用户行为（如增减人数）进行智能预判和费用同步更新。移除所有无关干扰，将核心操作按钮（如“去支付”）以醒目样式固定在底部，创造纯净的支付环境。同时，需建立防错机制，如关键操作前确认、即时反馈变更、输入规则验证及友好错误提示。

③ 信任背书与安全保障消除焦虑。在支付环节直接展示安全认证标识（如SSL锁、

平台logo）和简短信任语（如“资金安全”）。将核心售后保障条款（如免费取消、讲解服务）置于订单信息下方或操作区上方。明确标注隐私承诺并链接政策。提供关键时刻的便捷客服入口（如电话图标），尤其对于高价值服务，要让用户知晓“遇事有处可问”。

④ 终局体验与情感升华画上句号。支付成功后立即给予清晰、积极的状态反馈（如成功图标/文字、音效），并明确告知后续步骤及信息位置（如凭证发送通知、作品保存路径），巧妙融入微情感化触点（如嵌瓷体验App的成功边框、瓷片拼合动效，或感谢非遗支持的勋章动画与提示语）。最终，提供清晰的后续行动引导（如“查看详情”“继续创作”），自然闭合当前旅程并为新探索铺垫。

4.6 课后练习

本章的课后练习主要是根据前期的用户研究进行交互设计，包括交互流程与界面设计两部分。本章的练习有几个难点：需求功能转换，信息架构到产品地图的转变，产品地图到具体任务交互流程的具象化，每个流程的首页、列表页、详情页与结算页的设计。每一个点都是交互设计实践的重要内容，每一个交互设计师都应该多次经历这些设计实践的训练。

第5章 测试与评估

交互设计的价值最终需要通过用户的真实体验来检验。在完成初步设计后，通过系统化的测试与评估，我们可以验证设计方案的有效性，发现潜在问题，衡量用户体验质量，并为后续迭代提供客观依据。本章将聚焦于两种核心评估方法——可用性测试与眼动实验，它们分别从用户行为表现和视觉认知层面为设计优化提供量化证据。

5.1 可用性测试

为确保用户在设计师明确预期的操作范围内使用产品，避免未预测行为的发生，设计师可通过可用性测试识别问题，进而通过设计迭代优化用户体验。可用性测试是指通过观察真实用户与产品交互的过程，系统地评估产品可用性的研究方法，其核心目标是识别用户使用过程中的障碍、认知误区及效率瓶颈，为设计优化提供实证依据。该实践的理论基础可总结为用户-任务-思维模型。用户-任务-思维模型是本书对多个经典理论的融合，其中，用户模型对应心理模型，聚焦目标群体内在的认知与心理；任务模型是行为主体要完成的目标及其行动序列，可分解为目标设定→计划制定→实施执行→效果评估；思维模型则整合了Don Norman的执行/评估鸿沟理论，用以解析主体完成任务所依赖的认知过程与交互机制。用户-任务-思维模型层层递进，构成一个逻辑闭环，即什么样的用户，带着什么任务，如何运用思维与系统交互。作为交互设计质量验证的核心环节，可用性测试通过真实用户执行标准任务，检验产品对用户目标达成的支持有效性，从而提供了客观量化的实证支持。

5.1.1 测试环境与测试指标

可用性测试的主要目的是发现产品中存在的潜在可用性问题。为此，需要完整录制被试在自然状态下使用产品的全过程，并进行分析。为了实现这一目的，通常需要一个能够同步录制屏幕操作、被试面部表情及语音反馈的工具。专业的可用性测试软件Morae套装就具备这样的功能。同时，一个合适的可用性测试环境也非常重要。专业的可用性测试室通常配备单向透视玻璃，便于观察室的主试实时观测测试室内被试的操作情况。当主试在特定环节观察到用户操作存在疑问时，会在Morae等可用性测试工具上打上“Marker”标记，方便实验后快速定位到相应位置进行溯源分析。后续询问用户为何在特定位置停顿或表现出惊讶情绪，有助于还原用户执行任务时的情境。被试回看操作视频时通常能详细解释原因，例如在某一步中找不到下一个任务的入口位置。这种方法有助于有效定位可用性问题，深入了解用户体验。更专业的可用性测试可能还会集成眼动仪（捕捉视觉注意分布）和生理记录仪（监测情绪唤醒度）等专业设备以获取更深入的洞察。

可用性测试包括以下几个核心评估指标：①**任务有效性**，通过关键路径完成率量化设计的基础可用性，例如，在嵌瓷体验App中，核心指标包括“空中戏台拼贴任务完整度”（检验传统符号认知）和“AI工作坊作品导出成功率”（验证技术流畅性）；②**操作效率**，采用时间维度指标揭示交互逻辑优化空间，重点监测首次创作耗时（反映学习曲线）和专家用户操作路径长度（评估流程冗余度）；③**满意度**，关注传统工艺传达深度与界面流畅度的平衡性。测试通常聚焦于“文化认知→虚拟创作→线下转化”这一主任务链，尤其关注通过定量分析识别的两类目标用户（沉浸式创作者、文化展馆参观者）在关键节点的表现。

另外，标准化的可用性测试实验通常需要借助量表对数据进行辅助分析，如SUS（system usability scale）就是一个标准的可用性测试量表；NASA任务负荷指数量表（NASA-TLX）也是一个有效的辅助工具，因为它能从被试角度反映任务难度。这两个量表可以在用户完成测试任务后一同使用，让被试填写，增强测试数据的说服力。

5.1.2 被试招募

可用性专家Nielsen的研究表明，在可用性测试中发现所有可用性问题的概率可表达为$p=1-(1-\lambda)^i$，发现可用性问题的个数可表达为$m=N[1-(1-\lambda)^i]$，其中，i是被试的数量，N是界面上可用性问题的总数，λ是一个被试找到一个可用性问题的概率。N和λ为经验值，在每个项目中都不一样，应根据每个项目已有数据所做的曲线来估计。基于Nielsen的经验数据，N为41，λ为31%，则6个被试参与实验可发现约89%的可用性问题。假设当$\lambda\approx 31\%$时，通常5～8名被试可发现约80%的核心可用性问题。若需更高覆盖率（如>90%），可增至15～20名，但边际效益会递减。

本书基于第3章聚类与回归分析所构建的用户画像，采用分层抽样策略招募了12名被试，亦可通过问卷筛选招募与目标用户群体及潜在目标用户群体特征相符的被试。具体招募分组及要求如下。

（1）沉浸式创作者（5名） 招募有陶艺、剪纸等手工经验的用户，要求其非遗兴趣量表评分≥4分（5分制）。

（2）文化展馆参观者（5名） 选择年均参观2所以上博物馆的用户，侧重其对数智化导览工具的熟悉度。

（3）非遗从业者（2名） 邀请潮州嵌瓷文化传承人或其他非遗的专业研究员，提供非遗文化准确性核验。

5.1.3 测试任务设计与材料准备

在交互设计中，对产品需求进行问卷的量化验证、对交互设计方案与任务进行可用性测试，其核心逻辑是一致的，即并非需要覆盖所有需求或设计环节。因为大多数需求和设计方案相对明确，无须过度投入资源进行重复确认。因此，可用性测试应聚焦于重要的主线任务、难点任务及存在争议的任务。以“预约潮州嵌瓷非遗体验馆”任务为例，其流程设计需覆盖从文化信息浏览到完成预约的关键步骤，用以评估用户在该主任务链上的操作体验。测试任务流程需关注目标设定、计划制定、实施执行及评估反馈这四个关键阶段的表现。

通常情况下，产品的交互原型本身即可作为测试材料。借助交互原型实现的任务流程，被试能够获得与使用真实产品相近的体验。这种早期验证方式可在产品开发前进行测试，能显著降低因开发完成后进行重大修改而导致的周期延长、资源消耗及返工风险。

5.1.4 测试流程

（1）实验前准备阶段 提前向所在学校（机构）的学术委员会或伦理委员会申请伦理审查，声明本实验符合《赫尔辛基宣言》的被试权益保护条款，获取伦理批准号。

实验准备前，布置标准化可用性测试环境，保持环境和设备处于固定状态。当被试到达实验室时，播放讲解视频或录音，告知被试相关测试注意事项，告知被试实验可能存在的风险、数据隐私保护等情况，然后还需要被试签署知情同意书。

（2）测试阶段 首先，校准设备，让被试熟悉测试环境；其次，进行预测试，主要是让被试提前熟悉实验任务，确保所采集的数据接近最真实、自然的数据；最后，当被试完成预实验后，进入正式实验。主试需密切关注被试的整个测试任务，并在必要的时间点标记“Marker”，以便实验后分析。

（3）实验完成后 要求被试填写SUS（系统可用性量表）与NASA-TLX（NASA任务负荷指数）；并接受实验后的半结构化访谈，与主试交流测试过程中的可用性问题与主观感受。

SUS如表5-1所示。计分规则：奇数题（1，3，5，7，9）的转换分=原始评分-1；偶数题（2，4，6，8，10）的转换分=5-原始评分。将所有10道题的转换分相加，然后乘以2.5，得到总分（范围为0～100分）。总分的解读参考Bangor标准：≥80.3分表示优秀体验，≥68分表示可用性合格，≤51.6分表示存在严重问题。其中，68分约为SUS数据库的平均水平（百分等级为50%）。

表5-1 SUS详情

题号	陈述	1（强烈不同意）→5（强烈同意）
1	我认为我会愿意经常使用这个系统	□ □ □ □ □
2	我发现这个系统过于复杂	□ □ □ □ □
3	我认为这个系统容易使用	□ □ □ □ □
4	我认为需要技术人员支持才能使用这个系统	□ □ □ □ □
5	我发现系统中的各项功能整合得很好	□ □ □ □ □
6	我认为这个系统存在太多不一致性	□ □ □ □ □

续表

题号	陈述	1（强烈不同意）→5（强烈同意）
7	我能想象大多数人很快能学会使用这个系统	□ □ □ □ □
8	我发现这个系统使用起来很笨拙	□ □ □ □ □
9	我在使用系统时感到自信	□ □ □ □ □
10	我需要先学习很多知识才能使用这个系统	□ □ □ □ □

NASA-TLX如表5-2所示，该量表要求被试根据完成任务的体验，在六个维度上进行评分（0～100分）。除“自我表现”维度外，其余维度均为分数越高代表该方面的负荷感受越强。本研究在任务关键节点（如“虚拟嵌瓷创作”任务）后施用NASA-TLX，旨在分析用户体验中的认知瓶颈。其计分规则如下。

简单平均分：直接对六个维度的得分求算术平均值。

加权总分：首先通过两两比较法确定各维度的权重（权重总和为15），然后计算加权总分=Σ（各维度得分×各自权重）/15。

结果解读参考普遍接受的经验范围：<40分表示低负荷；40～60分表示中等负荷；>60分表示高负荷，通常意味着该环节需要重点关注和优化。需要注意的是，“自我表现”维度为反向评分，得分越高表示满意度越低，感知到的绩效越差。

表5-2 NASA-TLX详情

维度	定义描述	低负荷（0）→高负荷（100）
脑力需求	任务需要多少思考？是否复杂？	0 □□□□□□□□□□ 100
体力需求	任务需要多大体力操作？	0 □□□□□□□□□□ 100
时间需求	任务节奏是否紧张？是否感到时间压力？	0 □□□□□□□□□□ 100
自我表现	您对自己完成任务的满意度？	0 □□□□□□□□□□ 100
努力程度	您需要付出多大努力才能完成任务？	0 □□□□□□□□□□ 100
挫败感	您在任务中是否感到沮丧或压力？	0 □□□□□□□□□□ 100

5.1.5 测试结果分析与迭代设计

本次可用性测试的汇报主要涵盖以下三个核心指标的数据：①在**有效性指标**方面，

统计被试独立且正确完成任务的比例（任务完成率）；②在**效率指标**方面，统计被试完成任务的用时（任务时间）；③在**满意度**方面，收集用户使用后的主观满意度评分。鉴于被试样本量较小，统计分析以描述性统计和问题归纳为主。此外，采用SUS和NASA-TLX等标准化工具对可用性和任务负荷进行综合评估。最终，分析结论将转化为设计启示，明确后续设计迭代的优化方向与机会点（表5-3）。

表5-3　任务1：预约潮州嵌瓷非遗体验馆

<table>
<tr><th>测试任务</th><th>测试点：重难点/争议</th><th colspan="2">行动模型测试结果</th><th>认知模型测试结果</th><th>设计启示</th></tr>
<tr><td rowspan="4">在App预约潮州嵌瓷非遗体验馆</td><td rowspan="4">① 发现与定位入口
② 浏览与筛选活动列表
③ 理解活动详情与决策
④ 完成预约表单与支付
⑤ 获得预约凭证与后续引导</td><td>目的</td><td>用户不确定选择“亲子工坊”还是“专业工坊”</td><td>缺乏清晰的价值点对比（时长、内容、适合人群）</td><td>强化价值引导：在列表页/详情页增加简明对比标签（如“2小时亲子互动入门”“4小时大师指导进阶”）</td></tr>
<tr><td>计划</td><td>① 用户尝试搜索或浏览首页，部分未能快速定位入口
② 用户想找“周末”“附近”“新手”活动，筛选标签不直观</td><td>① 入口位置（首页功能区/导航栏）不符合用户心智模型
② 标签术语（如“类型”“难度”）不清晰或不匹配需求</td><td>① 优化入口策略：在首页功能区增加醒目“预约体验”卡片；底部导航栏增设“活动”标签
② 优化筛选：用“本周末”“5km内”“新手友好”等标签；增加标签说明图标</td></tr>
<tr><td>实施</td><td>① 用户关注时间、地点、价格，易忽略“名额”或“取消规则”
② 选择日期后需滚动查看时段列表，易选错或冲突
③ 支付前反复确认总价明细；高度关注安全锁图标</td><td>① 信息层级不突出，关键决策要素（名额/政策）不够醒目
② 日期与时段选择分离，缺乏直观可视化和实时冲突反馈
③ 费用构成不透明；安全认证标识不够显著</td><td>① 优化详情页：结构化核心信息；高亮“仅剩X位”“提前2天免费取消”
② 重构时段选择：采用联动日历（点日期显示时段）；冲突时段自动灰显
③ 增强支付环节：订单页清晰列出费用项；显著展示安全锁标识及“平台保障”文案</td></tr>
<tr><td>评价</td><td>① 支付后未立刻看到凭证；不确定是否预约成功
② 用户找不到历史订单；期望活动前收到提醒</td><td>① 成功反馈不够明确；凭证获取路径不直观
② 事后支持路径隐蔽（“我的”页面入口深）；缺乏主动提醒</td><td>① 强化成功反馈：支付成功后显示“预约成功”，即时弹出含二维码/时间地点的电子凭证
② 优化凭证管理：在“我的”页面置顶“我的预约”入口；发送预约确认及活动前提醒</td></tr>
</table>

上述指标构成了可用性评估的基础框架。若需更深入地探究用户行为背后的认知成因（如为何忽略关键按钮，说明信息是否有效触达），可结合眼动追踪实验进行辅助分析。眼动仪提供的注视热力图、轨迹图等数据，能为用户的行为和主观评价提供更精细的视觉注意力证据，从而增强研究发现的解释力。

5.2 眼动实验

由用户-任务-思维模型可知，可用性测试不但涉及用户、任务及行为等宏观的、显性的概念，还涉及视觉认知加工等微观的、隐性的概念。交互设计的核心就是围绕用户的认知过程展开的视觉与行为引导。用户的外显操作行为，无论是点击按钮、浏览列表还是完成复杂任务，都受到内隐的视觉注意分配以及其他认知加工的影响。眼动仪通过捕捉眼球运动轨迹、注视点分布和瞳孔变化等指标，为研究者打开了理解用户“如何看”以及“为何这样操作”的窗口。这种将视觉注意与认知过程转化为可量化的眼动指标数据的方法，使眼动实验成为交互设计领域重要的实证研究方法，尤其在验证界面布局合理性、信息层级有效性和用户认知负荷方面具有不可替代的价值。

眼动仪可根据研究场景分为四类：桌面式眼动仪与高精度显示器集成，提供优异的准确度和稳定性，适用于需要精细化界面分析的研究，如按钮、布局、网页或软件界面的视觉注意与可用性测试；遥测式眼动仪（或屏幕式眼动仪）通常体积小巧，可便捷地吸附于普通电脑屏幕或笔记本电脑上，支持非接触式追踪，适用于跨设备的任务流研究、移动应用界面测试以及需要与其他生理设备（如脑电仪、生理多导仪）进行同步实验的场景；眼镜式眼动仪为头戴可穿戴设备，允许被试在真实环境中自由移动，适用于移动场景的自然观察，如博物馆导览体验评估、零售购物行为研究、实景人因工程分析等；VR集成式眼动仪内嵌于虚拟现实头盔中，专用于沉浸式虚拟环境的评估，适用于虚拟仿真场景实验，如本案例中的虚拟工坊交互测试、三维产品原型评审、虚拟环境中的行为学研究等。

眼动实验在研究界面设计方面具有以下多方面的独特优势。

（1）揭示无意识注意机制 识别用户未言明的视觉偏好，如反复注视评分图标却忽视文字描述。若发现用户对“文化符号库”图标的注视时长显著低于相邻功能卡片，则提示其视觉吸引力不足，需通过动态设计重塑文化符号的视觉层级。

（2）诊断信息架构有效性 当用户在知识图谱界面学习文化流变时，眼动热力图能揭示视觉引导是否失效。若观察到用户视线在关键节点（如“潮汕”与“闽南”文化区）间无序跳跃，则表明地域关联线的视觉线索不足，需引入时空动画强化认知路径。

（3）量化沉浸式体验 借助VR眼动仪可评估虚拟环境中的注意力分配。例如，在嵌瓷工坊场景中，若用户观看“瓷片裁剪”技法演示时频繁注视背景装饰而非手势细节，则提示需简化视觉干扰，聚焦核心工艺的认知加工过程。

（4）实体交互设计优化 通过头戴式眼动仪分析物理-数字混合任务中的视控协同（如博物馆嵌瓷制作台的触控交互），优化跨媒介操作的视觉引导效率。

（5）特殊人群可用性研究 捕捉边缘用户群体的视觉补偿行为，如老年人对大字体界面的信息获取模式，建立包容性设计验证方法。

5.2.1 眼动实验设备及其指标

以Tobii X2-60眼动仪为例，该眼动仪通过近红外光源与高速摄像头捕捉角膜反射光斑，以60Hz的采样率记录眼球运动轨迹。设备使用遵循标准化流程：实验前需进行5点校准以确保追踪精度（误差<0.5°），被试头部可自然移动（允许在30cm×22cm的动态范围内），这一特性使其特别适合评估移动端交互行为，如嵌瓷体验App的跨页面任务流研究。

眼动仪通常具有较多的眼动指标，在设计学中用得比较多的眼动指标（表5-4）主要有以下4种类型：①**注视**（fixations）是指眼睛在某个特定的点上停留一段时间；②**扫视**（同眼跳，saccades）是指眼睛在注视点之间的快速移动或延续；③**瞳孔扩张**（pupil dilations，PD）主要用于揭示用户浏览内容时的兴奋或兴趣，是刺激值与基线值的差值，由于不同人的瞳孔直径不一致，且随着年龄的增长瞳孔直径会逐渐变小，因此一个合理的PD指标应该是刺激值减去基线值，以表明PD是实验材料的刺激造成的；④**扫视路径**（scan path）是指眼睛在注视点之间快速移动形成的轨迹。

表5-4 眼动指标

类别	指标	指标含义
注视 （信息加工）	首次注视时间	目标捕获效率：时间越短，视觉显著性越强
	总注视时长	认知深度：时长与信息复杂度、兴趣正相关
	注视点密度	认知加工强度：密度越高，信息理解困难或兴趣越大
	注视点个数	关注程度：个数越高，关注程度越大
	注视序列	认知序列分析：注视点出现的顺序反映任务顺序
眼跳 （信息搜索）	眼跳距离	距离长预示界面信息关联弱，也可能反映高效的跨区域信息整合能力，需结合任务类型分析
	眼跳次数	搜索策略复杂度：次数多反映信息定位困难
瞳孔扩张 （情绪与负荷）	瞳孔直径变化率	扩张显著预示高情绪唤醒水平或高认知负荷
扫视路径 （策略分析）	扫视路径熵值	视觉搜索有序性：熵值高表明扫视方向不可预测性强，反映搜索策略缺乏系统性（如新手用户）
	热点图聚类度	注意力分布特征：高聚类表明设计焦点成功

5.2.2 实验任务、材料及程序设计

（1）实验任务设计 实验任务设计源于前期的研究问题与目标。在实证研究中，研究问题常以可验证的研究假设形式提出，并通过实验采集的定量数据对其进行检验。本研究聚焦于嵌瓷体验App中主动式提醒代理的形象设计问题。作为一种AIAS，其交互方式的设计至关重要。当前的关键在于，相较于传统图文提醒，拟人化的代理形象能提升交互体验，但何种形象（如AI形象与仿真人形象）更能获得用户的青睐尚不明确。设计师的主观经验难以对此类问题给出确定性答案，因此需引入基于心理学和用户研究的实证方法，以数据为设计决策提供客观依据。

本研究旨在探讨不同形象（AI形象与仿真人形象）的主动式提醒代理对用户认知与情感的影响，并以传统的图文提醒方式作为参照组，具体涉及以下三个维度：①**注意捕获**，采用眼动仪的首次注视时间（first fixation duration，FFD）指标进行测量；②**情绪反应**，结合眼动仪的瞳孔直径变化（反映情绪唤醒度）与PAD情绪量表（测

量愉悦度、激活度和优势度）进行综合评估；③**认知加工效率**，采用眼动仪的总注视时间、注视点个数（或扫描路径长度）等指标进行衡量。据此，提出如下相应研究假设（hypothesis，H）。

H1（a）：不同形象的主动式提醒代理引发的注意捕获程度存在显著差异。

H1（b）：不同形象的主动式提醒代理引发的情绪反应存在显著差异。

H1（c）：不同形象的主动式提醒代理引发的认知加工效率存在显著差异。

为保障实验数据的生态效度，所设计的实验任务需模拟用户使用该功能的典型场景。任务难度应适中，既需要具备一定的挑战性以防止被试注意力涣散，亦不宜过于复杂以致引发过度焦虑或认知超载，从而干扰对核心设计变量（代理形象）效果的观测。

（2）实验材料设计 实验材料是呈现给被试的视觉刺激，其设计必须严格控制变量，确保观察到的眼动差异主要源于设计因素，如主动式提醒风格。创建一组仅在待研究设计维度上存在差异，而在其他方面（如背景界面、核心功能布局、色彩基调、任务流程、认知负荷等因素）完全一致的材料。在本案例中，采用单因素三水平（图文提醒、仿真人形象提醒、AI形象提醒）的被试内眼动实验，因此需要设计三种主动式提醒风格。在实验中，实验材料需要按照一定顺序呈现给被试。为避免顺序效应（如被试可能对第一个或最后一个看到的风格产生特殊偏好或疲劳），需采用平衡设计。例如，组A采用素材1→素材2→素材3的顺序，组B采用素材2→素材3→素材1的顺序，组C采用素材3→素材1→素材2的顺序。确保每种风格在每个呈现位置出现的被试数量相等。

（3）实验程序设计 使用Tobii Studio进行操作。

步骤1：创建新项目与测试组

实验程序是将任务和材料组织起来呈现给被试的关键，使用Tobii Studio等眼动实验软件需要遵循操作规范。启动Tobii Studio，创建新项目。一个项目可包含多个测试组。若需对比不同条件（如本例中的三种提醒风格），应创建独立的测试组或使用项目内的分组功能来清晰地区分不同实验条件的数据。根据连接的类型新建项目，一般使用显示屏可以选择第一个“Screen”进行创建（图5-1）。

在弹出的窗口中对新项目进行命名，设置项目备注、作者、项目保存位置、项目中测试组的名称和备注。这里新建项目中的“Text”是项目的第一个测试组，对于需要分组的实验可以通过在一个项目中添加多个测试组来实现，添加测试组的方式会在之后的步骤中说明。项目新建成功后的界面如图5-2所示。

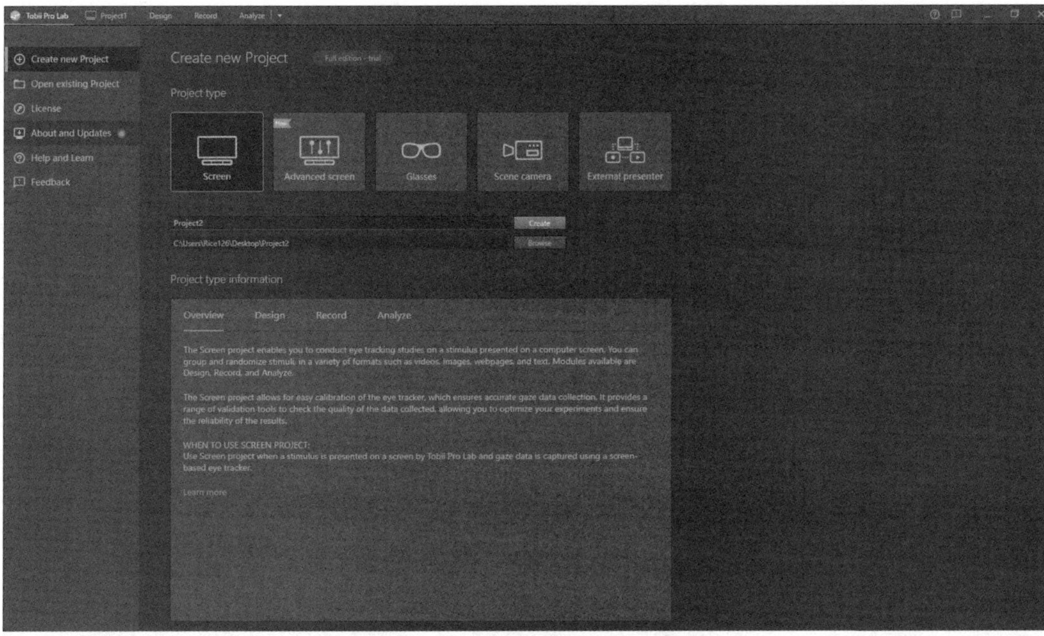

图5-1　眼动仪操作：新建工程文件

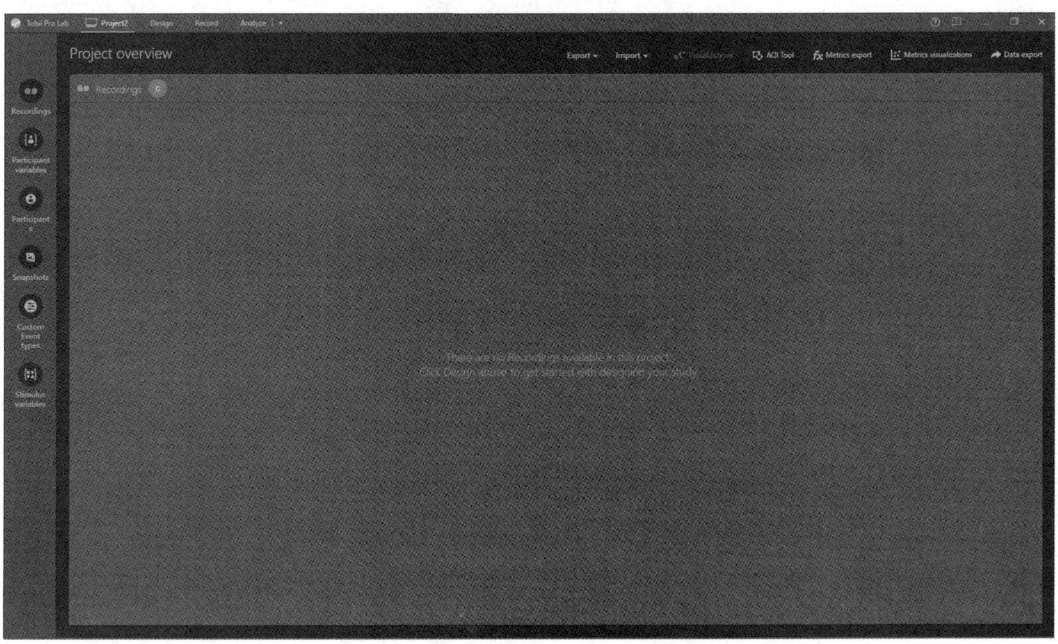

图5-2　眼动仪操作：项目新建成功

步骤2：导入实验材料

将设计好的图片素材（PNG、JPG格式）、视频素材（MP4、AVI格式）或网页素材（URL格式）导入素材库（Media Library）中，然后拖入相应素材模块进行编辑。如需要设计分组实验，点击左侧的“Participant variables”可以创建分类，如组别、性别等（图5-3）。点击“Participant”可以设置具体的被试序号和修改姓名，并为他添加分类。

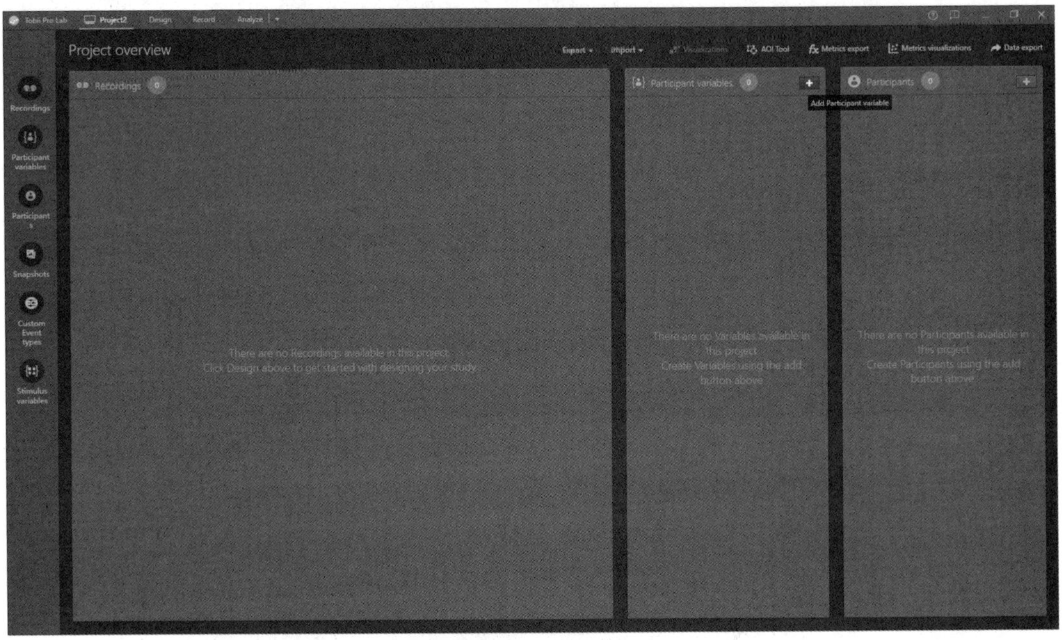

图5-3　眼动仪操作：设置被试的名字和组别

打开实验设计程序出现图5-4所示画面，眼动实验的设计需要将不同形式的实验素材按实验中出现的先后顺序进行排放，屏幕中间是时间轴，轴上需要安排实验的全部素材，上方是各种素材类型，轴上箭头的方向表示按照先后顺序应从左往右插入素材。在设计实验流程时需要先将类型标签拖入时间轴，右上角可以选择需要加入的素材类型，再将自己设计的素材从文件夹导入。

眼动实验材料类型包括说明文字、静态图片、动态视频、网页、屏幕录制、问卷、PDF，此外在实验过程中还可以记录能够反映被试实时状态的照片、音频和视频资料。下面介绍几种常用素材的导入和设置方法。

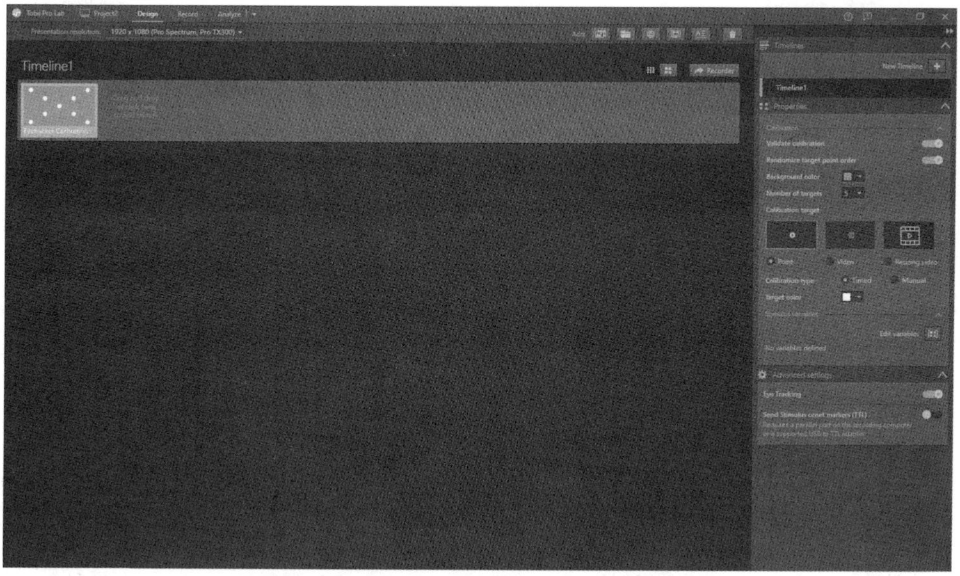

图5-4　眼动仪操作：时间轴

① 说明文字（图5-5）：在右上角添加文字后，文字素材会加入时间轴中显示缩略图。在右侧状态栏中可以修改素材名称、背景颜色。通过“Advance on”可设置素材是通过时间、鼠标、按键等方式呈现。双击时间轴内的文字素材可以进行文字大小和内容的编辑。

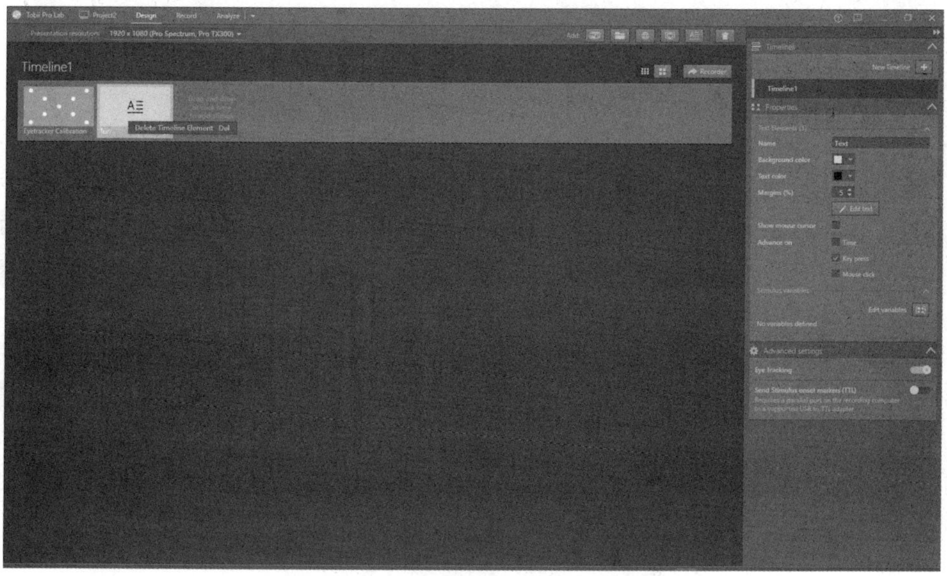

图5-5　眼动仪操作：导入说明文字

② 图片素材（图5-6）：图片素材需要从文件夹插入，因此所有的实验图片素材、视频素材需要提前存入实验电脑的文件夹内，再从文件夹导入程序，单击右上角的图片插入按钮导入素材。素材名称在之后导出的实验数据中可以作为筛选标签使用。一般图片或视频素材单独显示时间在5～10s为最佳。

图5-6 眼动仪操作：导入图片素材

③ 动态视频（图5-7）：Tobii Studio只能接受AVI或MP4格式的视频素材，在导入之前请注意视频格式的转换。视频导入方式与图片相同，只是视频素材在素材导入窗口中并没有预览缩略图，可以在导入完成后按F11进行预览，这个方法同样可以预览其他已导入的素材。与图片一样，视频素材同样可以选择不同的方式结束放映。

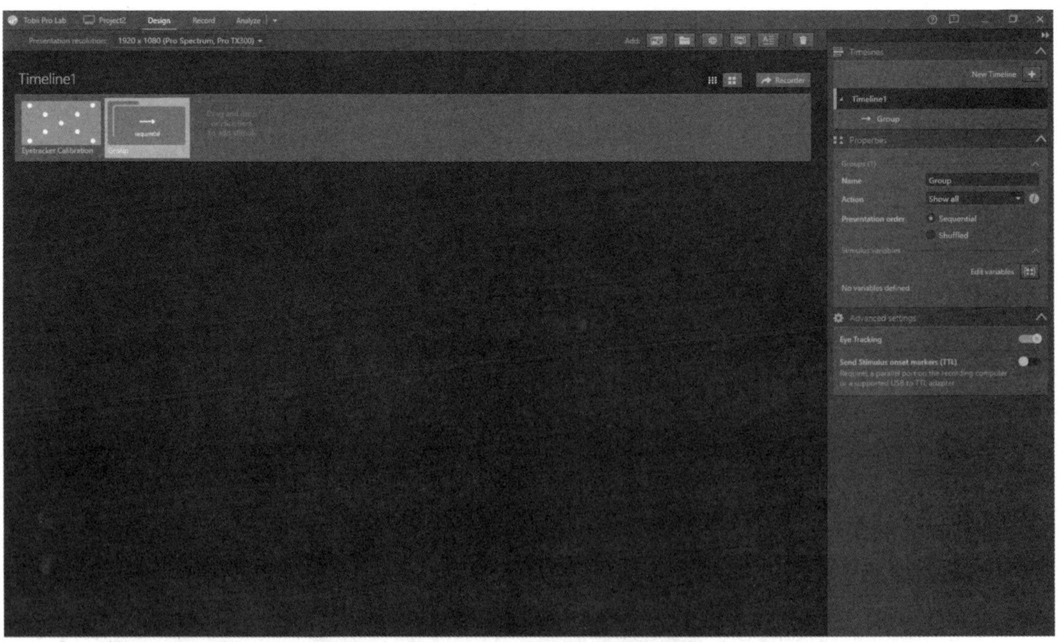

图5-7 眼动仪操作：导入动态视频

④ 网页素材（图5-8）：网页素材的插入可以通过输入网址使被试在实验中跳转到该网页进行浏览并在网页中执行操作。在网页素材设置的窗口中可以对网页显示的尺寸和时间进行设置。

图5-8 眼动仪操作：插入网页素材

⑤ 问卷：Tobii Pro Lab本身不提供原生问卷编辑功能，在实验中，如需采集主观量表数据，可通过Web Page Stimulus嵌入外部问卷（如问卷星、Google Form或Qualtrics）。实验者在URL中输入问卷链接，被试即可在实验流程中直接填写；问卷数据由外部平台保存。导出时通过Participant Code将问卷结果与Tobii眼动数据对齐，从而实现主客观数据的统一分析。

步骤3：构建时间轴

为每种提醒风格创建独立的“任务模块”。将对应的嵌瓷创作界面素材拖入时间轴，如图5-9所示。通知的出现应通过Tobii Studio的“事件标记（Event Marker）”功能或在素材设计时内嵌触发点来实现，并精确记录通知出现和消失的时间戳，以便后续分析眼动数据时能精确定位到通知呈现期间的用户注视行为。在时间轴上，通知的触发事件（如到达某个时间点或用户完成某个操作）应被清晰标注。实验结束时，拖入“PAD量表”问卷素材，让被试填写。

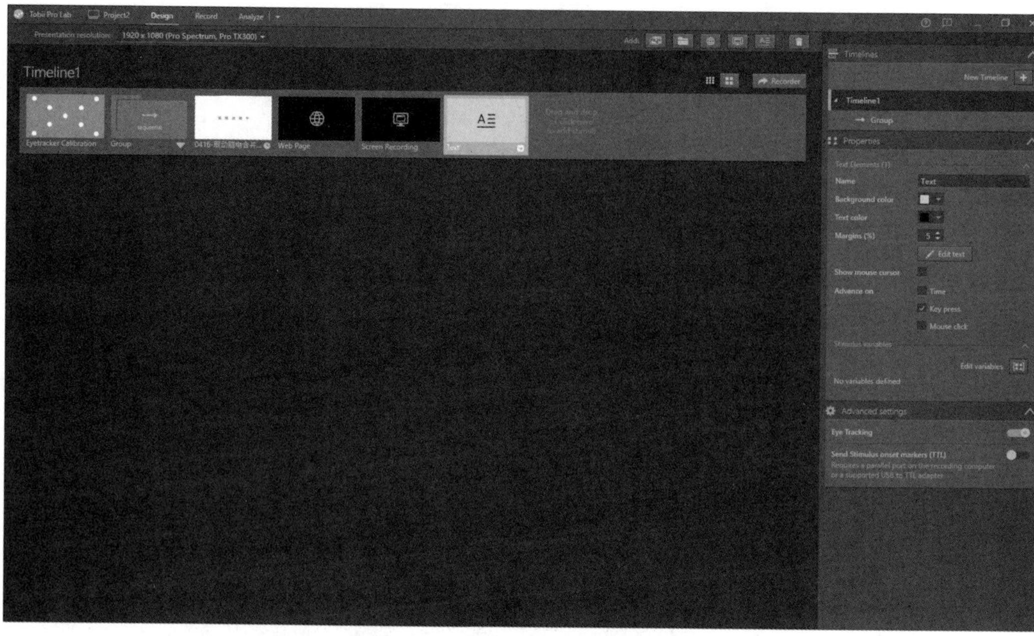

图5-9　眼动仪操作：插入素材

5.2.3　被试招募与伦理审查

严谨的设计评估要求实验参与者（被试）能够代表产品的真实目标用户群体，且实验流程需规范、可控，以获取可靠的眼动数据。下面将详细阐述基于用户画像的被试招募策略以及标准化的眼动实验执行流程。被试的选择直接决定了研究结论的外部效度，即能否推广到目标用户群体。招募策略应紧密围绕第3章定量分析建立的用户画像，采用分层抽样以确保样本的代表性。依据用户画像的关键维度（如年龄、兴趣领域、技术熟悉度）设置筛选条件，确保样本特征与目标用户的核心属性高度匹配。

被试数量需满足统计检验力的要求，确保能检测到预期效应。这需要结合研究设计（如组内设计需考虑序列效应）、预期效应量大小和统计方法（如重复测量方差分析）进行计算。使用统计软件（如G*Power）进行先验样本量估计。设定期望的统计检验力（通常≥0.8）、显著性水平（P=0.05）、效应量（可参考文献或预估为中等效应η^2=0.06）以及测量次数（本例中每种提醒风格为1次测量），软件会计算出所需的最小样本量（N）。例如，若计算得出N=24，则考虑被试流失率（如20%），最终应招募约30名符合条件的被试。被试样本量越大，说服力越强。

由于眼动实验涉及人体实验，所以在实验开始前，还需要准备两方面的工作。首先，向学校学术委员会或伦理委员会进行伦理申请，获得审批以及审批号后，才能进行实验。相关申请程序可从学校的学术委员会或伦理委员会官网下载。其次，需要准备知情同意书，在实验开始前，被试应阅读并签署实验知情同意书。眼动实验的知情同意书的内容包括确认自愿参加实验、实验的主题、实验的大致时间、实验中需要被试佩戴的设备（如头部固定支架等）、实验仪器佩戴方法、可能产生的风险和身体不适情况、允许被试随时终止实验、确认满足视力等身体健康状况要求以及受试者声明等。表5-5是一份受试者知情同意书的示例。

表5-5　知情同意书示例

受试者知情同意书 受试者编号： 尊敬的受试者：您将参与一项眼动科研实验，本须知提供给您一些信息以帮助您决定是否参加此次实验。请您仔细阅读，如有疑问请向该实验的研究者提出。您参与本项实验是自愿的。 实验目的：探究线上教学互动设计的情感因素。实验对象：左利手/右利手，视力正常或左右眼近视均低于400度、矫正后视力正常，身体健康状况良好，参加实验时无不适情况。 实验过程：在实验过程中您需要静坐在实验室中，下巴依托于实验专用托架，保持头部稳定，双目注视实验电脑屏幕，根据实验指导语完成实验任务与问卷填写，在此过程中眼动仪将记录您的眼动数据。此实验时长大约25分钟。 风险与不适：数据采集过程中，视觉刺激材料与实验设备对眼睛无不良影响。如有不适，受试者可随时提出终止实验。您可随时了解与本研究有关的信息资料和研究进度，如果您有与本研究相关的问题可以随时与实验员联系。 受试者声明：我已阅读了本知情同意书，已与本实验的研究者详细讨论并了解本项目的目的、对象、过程、风险，且确保本人符合受试要求。仔细阅读以上有关说明后，经过充分的考虑，我自愿成为此项研究的受试者，愿意积极配合研究人员进行本项实验。 受试者签名：______ 日期：________

当被试被邀请到眼动实验室时，主试还需要准备好实验室并做好实验准备工作。

（1）实验环境　整个实验期间，实验场所的环境光保持一致，不过亮或者过暗，并确保实验期间的照明条件是稳定的且可控制的，这有助于消除光照变化对眼动数据的干扰。实验室内安静无异味，环境干净整洁。室内保持稳定且舒适的温度和湿度。实验人员需定期清洁、维护实验设备，可以采用适当的消毒措施。此外还需要保证被试在进行实验的过程当中没有噪声干扰，噪声也会干扰被试的情绪。

（2）辅助工具　眼动实验需要实验设备稳定采集视觉信息，因此往往需要通过固定被试的头部来保证稳定的数据采集，通过头部支架等辅助工具限制被试活动。在进行头部支架的放置时，需要向被试说明，并将支架调整到被试认为舒适的状态。

（3）实验导语　在播放正式素材前需要设置一段导语，告知被试眼动实验的主题和注意事项，确保被试对实验要求有基本了解。实验导语避免用口头说明的方式，因为可能会导致对每个被试口头说明的内容不一致，可以采用播放录音的方式。

（4）提前温馨提示　告知被试提前一天保证睡眠充足，保持良好状态。实验过程中除了实验仪器，被试应暂时远离通信设备，如手机、电脑等。实验人员与被试的良好配合是获得理想实验效果的保障。

5.2.4　实验流程：Tobii Studio操作

（1）设备连接与调整　打开Tobii Pro Eye Tracker Manager进行眼动设备的连接和调整。眼动设备连接成功后，Tobii Studio页面显示连接型号和校准页面，可以开始实验，如图5-10所示。若未能成功连接，则Tobii Pro Eye Tracker Manager页面显示NO EYE TRACKER DETECTED，即眼动设备未被检测到。若设备正确连接后程序仍然显示无法识别，则单击页面的install手动添加设备。

（2）新建被试　点击Record后，在每次实验正式开始前需要为当前被试新建一个以被试名称命名的标签，对该标签和标签对应的数据组进行命名。如果在project页面已经新建，可以为被试增加设定好的分组类别，如图5-11所示。在“Name”框中输入被试名称，名称与被试一一对应，同一实验中所有已经存在的被试名称都会显示在“Participant Data”列表中。

（3）眼动校准　设置被试完成后点击“继续”来到校准准备界面，这个界面可帮助实验者调整被试的位置，判断实验仪器对被试眼睛数据的采集状态是否稳定。被试窗口中的两个小白点就是被试的眼睛，当白点能够稳定显示在窗口中间，没有频繁闪烁、消失的情况，表示被试的眼睛数据能够被实验仪器稳定采集，可以继续进行实验。此外，右侧数字代表被试眼睛距离眼动仪的距离，实验中这个距离保持在60cm为最佳，上下浮动1～2cm也在合理范围内。然后点击“开始”进行校准操作。

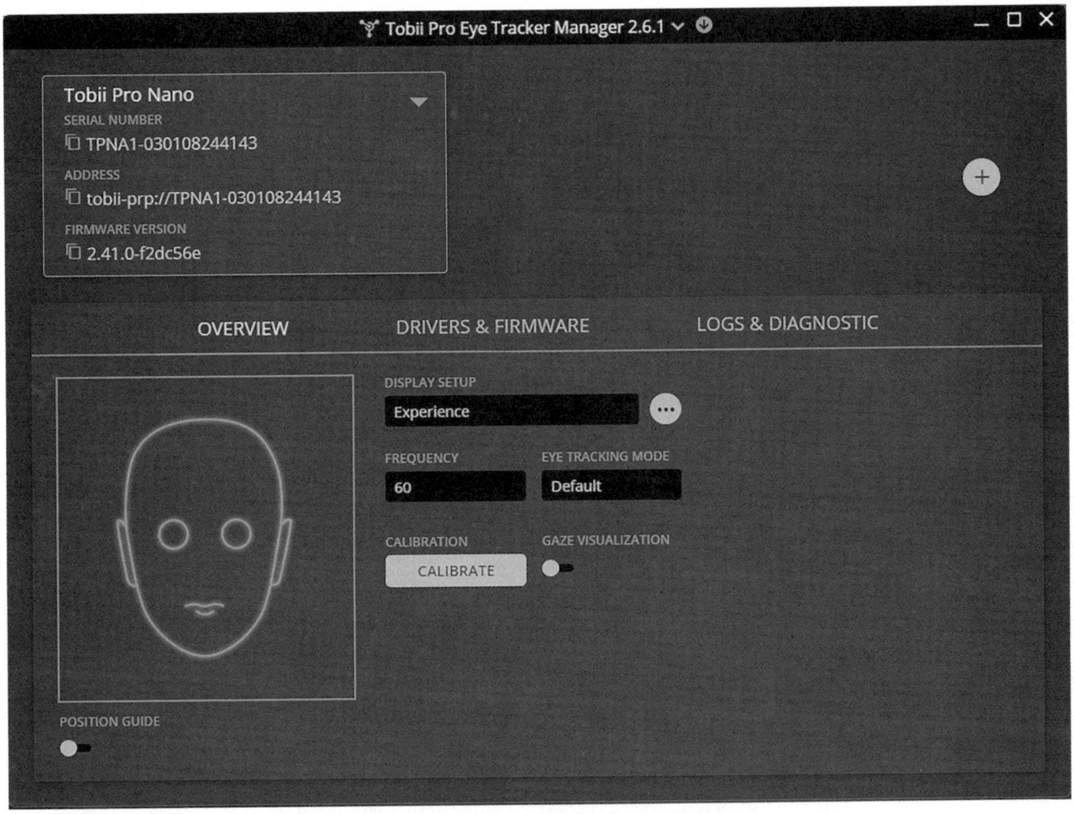

图5-10　眼动仪操作：连接状态

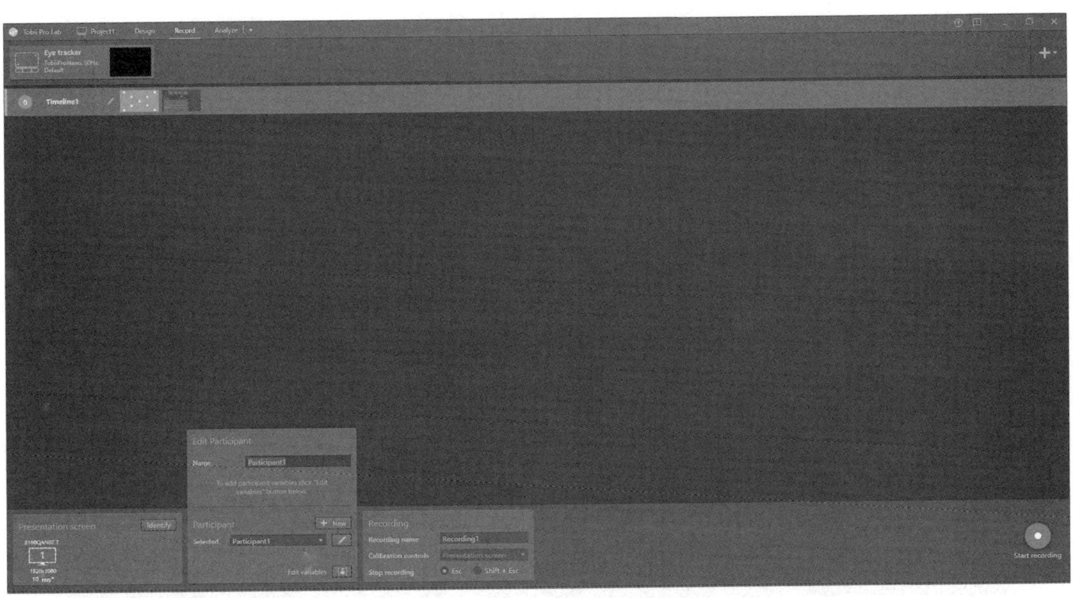

图5-11　眼动仪操作：选择被试

在正式校准过程中，被试需要遵循一系列操作要求。进行眼动实验的被试不允许化眼妆、戴美瞳和隐形眼镜，可以佩戴无镀膜的框架眼镜，确保眼睛周围的头发、镜框等物体不会遮挡视线。在校准过程中，屏幕上会出现一个移动的红点，被试需要在红点位置固定期间凝视红点的正中心，在凝视时不要眨眼、眯眼睛、晃动头部等，因为这些动作会影响校准效果。被试的视线并不需要持续跟着红点移动。如果被试在多次校准尝试后仍然无法达到要求，可以与被试交流，询问他们的观察方式。有时，被试可能会不自觉地跟随红点移动，但这可能导致更快的视觉疲劳。如果经过多次校准尝试后仍然达不到理想效果，需要考虑该被试是否能够满足实验要求。只要被试的校准能够达到实验标准，就可以继续进行后续的眼动实验。

校准标准：如图5-12（a）所示，左右眼在每个灰色圆点中的蓝色线条不应过长或过于分散，应尽量集中在点内；图5-12（b）为不达标的校准结果。

校准成功后单击“Accept”，再次出现准备界面，在这个界面中再次确认被试的位置距离是否合适，以及眼睛信号采集是否稳定，如图5-13所示。在窗口中对被试的当前测试进行命名（Recording Name），然后单击“Start callibration”开始眼球指标校准，校准后得到合适的值，按“Continue”开始。单击“Recailbrate all points”可以重新校准。在此处命名的测试是储存当前被试实验的单次实验记录，同一个被试名称下可以记录多次实验。

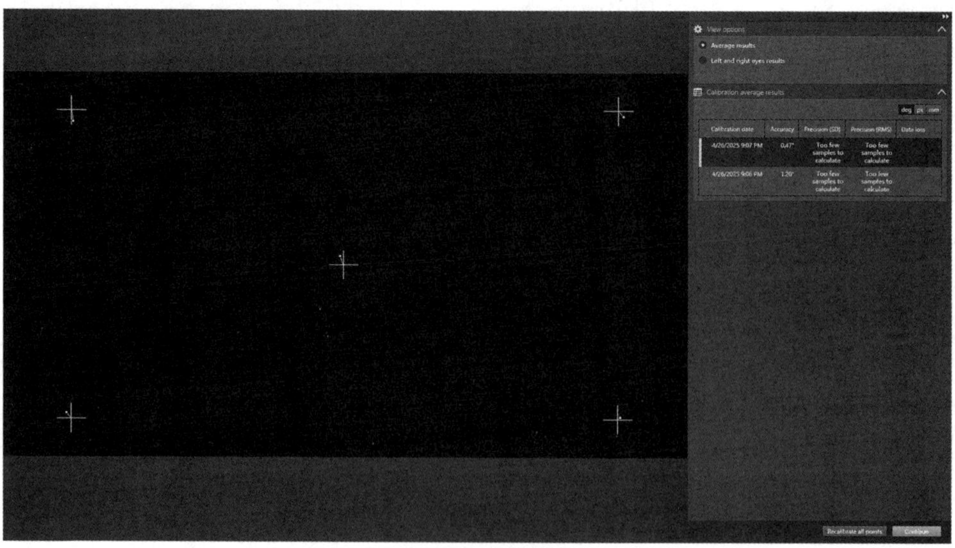

(a) 理想校准结果

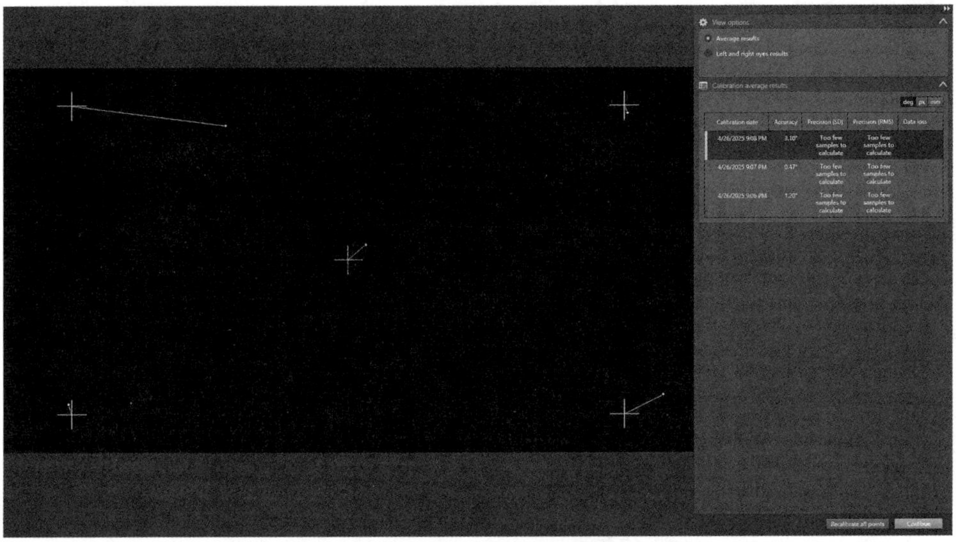

(b) 不达标的校准结果

图5-12 眼动仪操作：眼动校准

图5-13 眼动仪操作：记录

（4）预实验 运行一个简短的练习模块，一般使用与正式实验界面相似但不包含研究目标元素的界面作为刺激材料，让被试熟悉任务操作方式，如拖拽瓷片、点击按钮等。练习阶段的数据不用于分析。预实验对于一次完整的实证性研究而言是必不可少的。通过预实验，主试能够评估实验是否符合预期，是否需要调整实验设计。

（5）正式实验 启动正式实验记录。Tobii Pro Lab会自动记录眼动数据、屏幕录像和事件标记。主试在控制室通过监视器观察被试状态和实验进程。被试根据屏幕提示独立完成嵌入通知的实验任务。主试不进行干预或提示，除非被试主动求助或设备出现技术故障。

（6）实验结束 正式实验结束后，屏幕上呈现PAD量表（或其他问卷）。指导被试根据刚刚的实验体验，在每个维度上评分。问卷完成后提交。PAD量表用以辅助眼动数据进行被试的情绪分析。然后在Tobii Pro Lab中保存项目文件，包含原始眼动数据、视频录像、问卷数据、事件标记、校准数据等，进行数据备份。

（7）实验数据查看与保存 点击“Analyze”查看眼动数据，如图5-14所示。在每组实验完成之后都可以查看实验结果，可以查看实验的数据结果、热点图、轨迹图以及划分兴趣区。

图5-14 眼动仪操作：查看数据

框选的兴趣区范围决定了最终从兴趣区导出的数据数量，因此手动划分兴趣区需要在想要采集眼动数据的刺激区域上进行框选，框选的范围不宜过大或过小，能够覆盖目标元素且稍微扩大范围即可。在上方菜单栏中选择“Analyze”进入分析模块，用于创建和编辑兴趣区（areas of interest，AOI）。如果需要使多个素材的兴趣区保持完全一致，可以通过在绘制工作窗上方的位置和尺寸框中输入对应数值，统一多个素材中兴趣区的尺寸和位置。右侧面板中的“Settings”可调整名称显示、填充颜色与透明度，AOI区域用于管理和显示各兴趣区。可通过勾选或取消勾选AOI名称来控制其显示与隐藏，如图5-15所示。

图5-15 眼动仪操作：兴趣区

通过“Visualizations”查看根据每个被试眼动数据生成的热点图、轨迹图以及系统自动划分的兴趣区。

通过“Heat map”查看热点图窗口，如图5-16所示。在热点图中，不同的颜色代表不同的视觉注意热度或注视集中程度。以系统默认的颜色为例，红色代表视觉注意热度最高，也就是整个实验过程中被试的视线在红色区域停留的时间最长。其次为黄色区域，最后为绿色区域。热点图可以非常直观地反映被试在这一素材中最关注的部分。为了更方便实验者观察分析，可以在右侧窗口中调整热点图层的透明度、颜色、热点图形细节表现等属性。在下方的时间轴上可以通过手动调整滑块或输入具体数值查看不同时间段的热点图。在页面左侧还有上下两个窗口，上面的窗口包括所有素材的分类列表，下方则是参与这个实验的所有被试列表。在素材列表中根据每个素材的形式分组，在这里要注意的是，凡是在当前实验中有过插入记录的素材，不管在后续实验编排过程中是否被删除，其名称都会在列表中显示，因此在列表中选择素材时要留意。也可以找到实验所在文件夹，在文件夹中将多余的素材删除，使该素材不在列表中显示。无论通过哪种方法调整，都可以看出实验素材的命名对于实验后的分析整理工作十分重要。

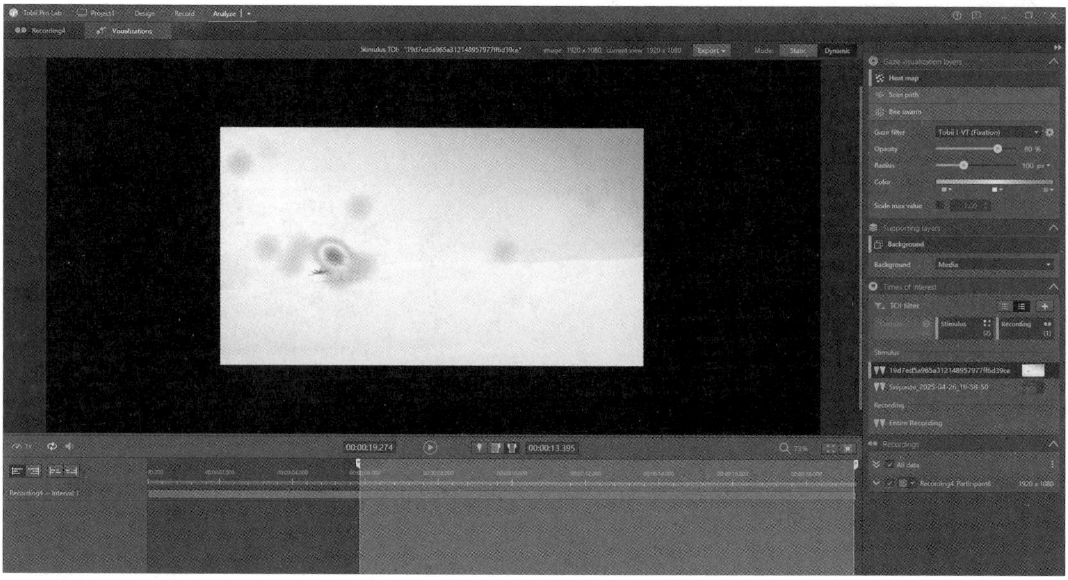

图5-16 眼动仪操作：热点图

“Scan path”选项为轨迹图窗口，轨迹图可以显示每一位被试从实验开始到结束在素材图片上的视线移动以及注视点，如图5-17所示。系统随机分配不同的颜色以区分每个被试的视觉轨迹，在左侧的被试列表中还可以设置每个被试对应的图块颜色，这在轨迹图分析中非常有帮助。在默认状态下，轨迹图中每个被试的注视点都被按照出现的先后顺序标上序号，序号数字越小表示注视点出现得越早，数字越大表示注视点出现的时间越晚，通过这些标号可以区分被试最先注意到的元素和视线的最终落脚点，以及视线在哪些元素之间切换。通过右侧的调整窗口可以选择注视点的尺寸为统一大小或按照注视时间生成不同大小。可以设置所有轨迹为统一的颜色，设置轨迹图中的序号是否显示以及注视点和扫视线条是否显示等。

热点图、轨迹图都属于定性分析材料，其视觉效果可以根据不同需求进行设置。

在“Replay”中可以看到每次实验记录的眼动信号变化过程，如图5-18所示，被试的每次注视和注视点的移动过程都被以视频形式记录下来，在“Replay”中可以通过在不同被试的眼动记录中截取同一时段录像来观察某一相同时间段内的眼动变化情况，也可以用来分析某一段异常值的产生原因。Replay视频可以通过“Export Movie”导出。

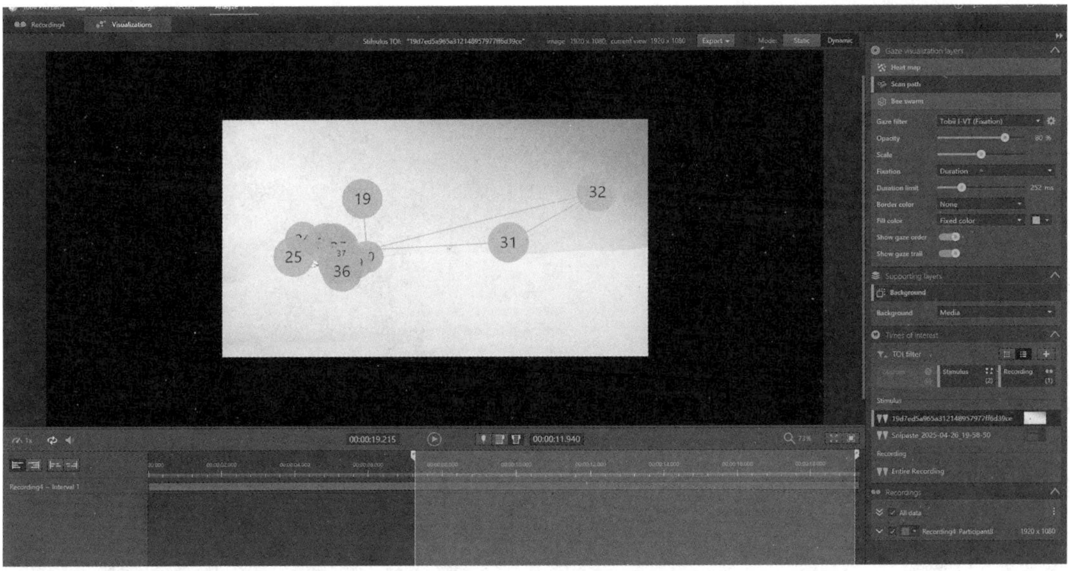

图5-17　眼动仪操作：轨迹图

图5-18　眼动仪操作：实时记录

从“Export”中导出兴趣区的数据以及其他数据，如图5-19所示。

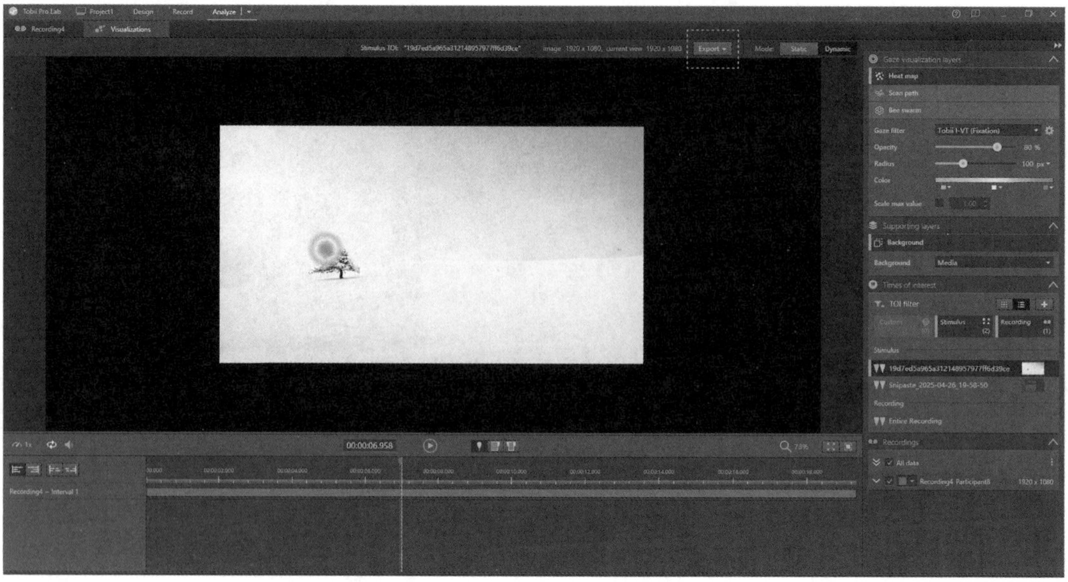

图5-19　眼动仪操作：导出数据

5.2.5　数据分析与报告撰写

对于设计学专业的学生而言，实验统计学是一门知识点较多且不那么容易的课程。为了方便设计学专业的学生学习，本书聚焦高频知识点，结合实证性实验场景，以高度概括的方式介绍眼动实验的统计分析方法。交互设计师遵循本书指引，可在一两个月左右掌握眼动实验的统计分析技能。本节将重点介绍数据预处理方法与统计分析方法，并以多因素重复测量方差分析为例，具体讲解眼动实验的数据分析流程。最后，通过标准化的数据报告撰写与设计结论形成，实现本次实验目标。

（1）数据预处理　为确保后续统计分析的有效性，需对原始数据进行系统的预处理工作，旨在消除潜在的异常值，修正可能的录入错误，处理缺失值，从而保障数据质量。这通常是必要的，因为数据录入前或实验过程中可能存在缺失值或异常值，进而可能引起实验效果偏差。导致此类数据问题的原因，主要是受试者受到难以避免的环境干扰或自身状态变化，如实验后期的疲劳、注意力分散等。

眼动实验数据主要包含注视点数、注视时长、瞳孔大小、眨眼频率等眼动指标，通常由专业眼动仪及其配套软件自动采集。针对眼动实验产生的复杂数据，SPSS等统计分析软件是常用的高效处理工具。下面将通过实际案例，以真实数据演示如何利用SPSS对眼动实验数据进行有效处理与分析。

数据预处理的常规步骤是首先处理缺失值，然后定位并处理异常值。常见的预处理工具包括Excel和SPSS。缺失值是指数据集中某些观测点无有效数据，可能显示为“0”或完全空白，表明该处数据不完整，需研究者通过插值或替换方法进行填补。异常值/极端值是指明显偏离数据集整体范围的数值，例如，若大部分注视时长集中在4～5s范围内，而某点记录为30s，则该值可能为异常值。可用箱线图、Z分数等方法识别和处理此类极端或异常数据。

① 区分并标记缺失值（使用Excel）。观察原始数据时，需将仪器/软件设定的真实“0”值（有效数据）与缺失值（无有效数据）区分开来，以避免误判。可通过Excel执行以下操作：在Excel中全选目标数据区域，打开“查找和替换”对话框，将【查找内容】设置为数字0，将【替换为】留空，在【格式】下拉菜单中选择【从单元格选择格式】，点击数据列表中的一个数值为0的单元格，确保只替换格式匹配的0值（非必需但有助于精确替换），点击【全部替换】。此操作可将所有数值0替换为空，即标记为缺失，完成后保存备用。

② 缺失值插补（使用SPSS）。在SPSS中打开经步骤①处理后的Excel文件（或直接导入数据），在SPSS变量视图中正确设置变量属性。例如，连续变量（如注视时长）应将“测量”设置为“标度”，分类变量（如兴趣区类别）应设置为“名义”。在完成上述变量属性设置后，接下来要进行与数据格式相关的最终确认或操作，然后执行插补：转到菜单，选择【分析】（Analyze）→【多重插补】（Multiple Imputation）→【插补缺失数据值】（Impute Missing Data Values）。在打开的对话框中进行如图5-20所示的参数设置，最后点击【确定】开始插补。

③ 汇总插补结果（使用Excel）。插补完成后，SPSS会生成一个新数据集，包含原始数据加上20组基于不同迭代步骤对缺失值的预测值（通常字段名为“Imputation_”，0代表原始数据，1～20代表各次迭代结果）。目标是计算这20组预测值的平均值作为最终缺失值的填补值：将SPSS新数据集中的所有21列（源数据+20组插补数据）复制粘贴到Excel，在Excel中定位到需要计算平均值的列区域（应为20列插补数据，不包含源数据列），转到【数据】→【合并计算】，在【函数】中选择平均值，在【引用位置】下逐个框选这20列插补数据区域并点击【添加】，确保【所有引用位置】列表中

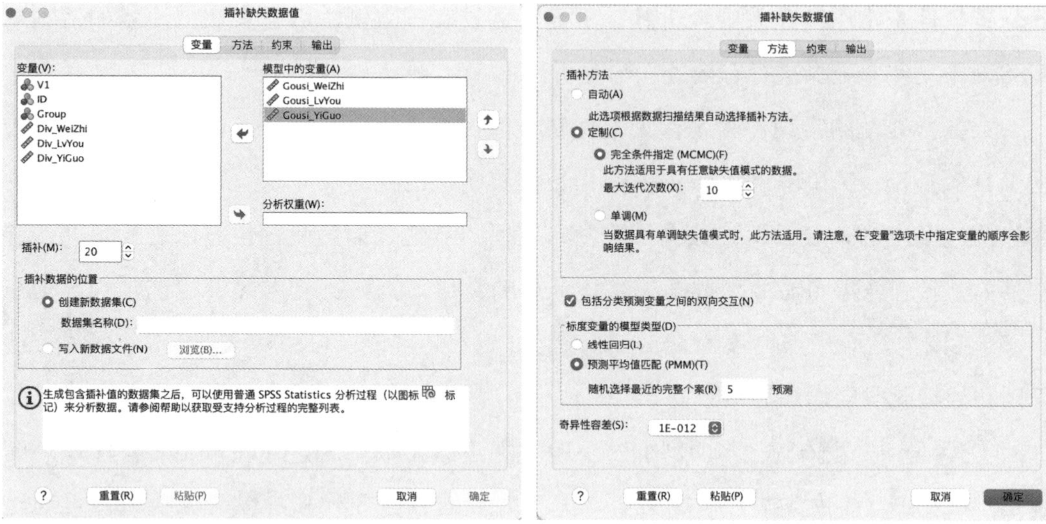

(a)变量　　(b)方法

图5-20　SPSS操作：插补缺失数据值

包含了所有20组数据区域，指定【标签位置】（通常可选【首行】、【最左列】或不选，视数据结构而定）或者直接设置好计算结果放置的起始单元格，点击【确定】。Excel会计算出20组数据的平均值，此均值即为最终用于填补原缺失位置的稳定值。后续相同结构数据的处理可直接套用该Excel模板进行操作。

④ 异常值处理（使用SPSS与Excel）。填补完空缺值以后，实验数据里可能还会存在一些异常值，处理异常值的方法首先需要定位异常值的位置（编号），可以用SPSS里面的箱形图进行数据排查。

将数据再次导入SPSS，选择【图形】→【旧对话框】→【箱图】，在出现的对话框中选择【简单】，在【图表中的数据为】中选择【单独变量的摘要】，点击【定义】，在主对话框中将所有变量选入【箱表示】，点击【确定】。结果发现编号53的数据是远高于其他值的，回到之前的Excel表格定位到编号53的数据，此时一般会把该离散值的序号在Excel中标注出来备份，然后再将该值用平均值替换。

在使用以上方法将数据预处理完以后会得到一份填补好空缺值、无异常值的完整实验数据，接下来便可将数据导入SPSS进行数据分析。

（2）设计学的常见统计分析方法　根据研究者的实验设计，常见的实验设计分为组间变量实验和组内变量实验，这两种设计在眼动数据分析前的考虑及分析方法上有所区别。设计学中常见的统计分析方法如表5-6所示。

表5-6 常用统计分析方法汇总

实验设置	水平数	正态性检验	前提检验	统计分析方法
组间变量实验	两水平	是	方差齐（是）	独立样本t检验
			方差齐（否）	Welch's t检验
		否	—	Mann-Whitney U检验
	三水平或以上	是	方差齐（是）	单因素方差分析
			方差齐（否）	Welch's ANOVA
		否	—	Kruskal-Wallis H检验
组内变量实验	两水平	是	不适用	配对样本t检验
		否	不适用	Wilcoxon符号秩检验
	三水平或以上	是	球形检验通过	重复测量方差分析
			球形检验不通过	Greenhouse-Geisser校正
		否	—	Friedman检验

① **组间变量**是指不同的受试者接受自变量不同水平的处理，即一个被试仅参与其中一个处理。例如，假设研究不同广告布局对消费者注视模式的影响，将受试者分为两组，一组观看左侧重点布局的广告，另一组观看右侧重点布局的广告，每位受试者仅观看并评估一种布局，这就是一个典型的组间变量眼动实验。组间变量数据常用的统计方法包括独立样本t检验（当只有两个组时）或ANOVA（方差分析）及后续的多重比较（当有三个或更多组时），但前提是眼动数据（如注视时间、注视点数量等）需满足正态分布和方差齐性等假设，组间采用Levene检验。

② **组内变量**是指每个受试者接受所有自变量水平的处理，即一个被试参与所有处理。比方说仍然是研究不同广告布局对消费者注视模式的影响，让同一批受试者在不同的时间段内分别观看左侧重点、右侧重点和均衡布局的广告，并记录他们的眼动数据，这就是一个组内变量眼动实验。组内变量数据常用的统计方法包括重复测量方差分析，它能够同时考虑组内变量和组间变量。在分析时，组内设计的齐性检验采用球形（Sphericity）检验；球形检验的通过用重复测量方差分析，不通过的用Greenhouse-Geisser校正。

（3）以组内实验的多因素重复测量方差分析为例 在对数据进行预处理之后，不论实验是组间变量还是组内变量，都要进行正态分布检验。如果数据不符合正态分布，可能需要采用数据转换（如对数转换、平方根转换等）或选择非参数统计方法以避免分析结果出现偏差。常见的正态分布检验方法有以下三种。

① 频数分布直方图，其SPSS操作为【图形】→【旧对话框】→【直方图】，将待分析变量移入【变量】框内，软件默认勾选显示正态曲线，点击【确定】。观察直方图的分布形状是否为“中间高、两边低”的对称形状，如果接近或相似，则可认为数据服从正态分布。

② 正态Q-Q图，其SPSS操作为【分析】→【描述统计】→【QQ图】，将待分析变量移入【变量】框内，软件默认勾选显示正态曲线，点击【确定】。观察Q-Q图上的点能否聚拢分布在一条直线上，数据点越聚拢在直线上则说明越近似或服从正态分布。

③ 偏度和峰度，其SPSS操作为【分析】→【描述统计】→【描述】，分析变量移入【变量】框中，点击【选项】，勾选“平均值”“标准偏差”“峰度”和“偏度”。如果偏度系数和峰度系数的绝对值均小于1.96，则可以认为该组样本数据符合正态分布。

首先，点击【分析】→【一般线性模型】→【重复测量】，如图5-21所示。

图5-21 SPSS操作：重复测量

这个时候我们要先建立一个测量因子，填写一个因子名为“测量因子”，如图5-22所示。因为本实验有三个材料，那么“级别数”这里就选3，然后点击【定义】。再将左侧的三组数据按住Shift键全选“添加”到右侧的“测量次数栏”里，如图5-23所示。这个时候实验因子就创建好了。

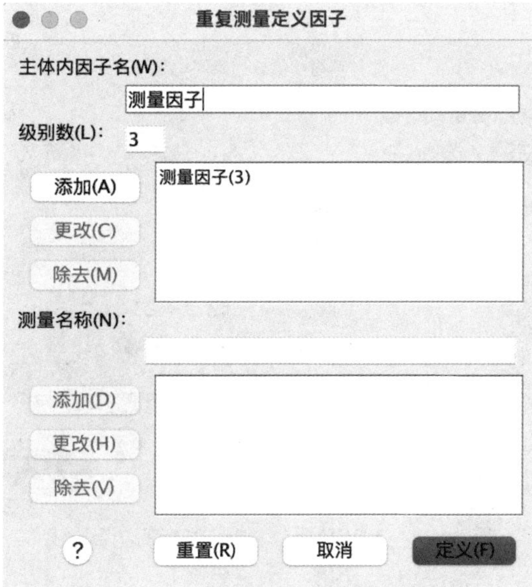

图5-22　SPSS操作：建立测量因子

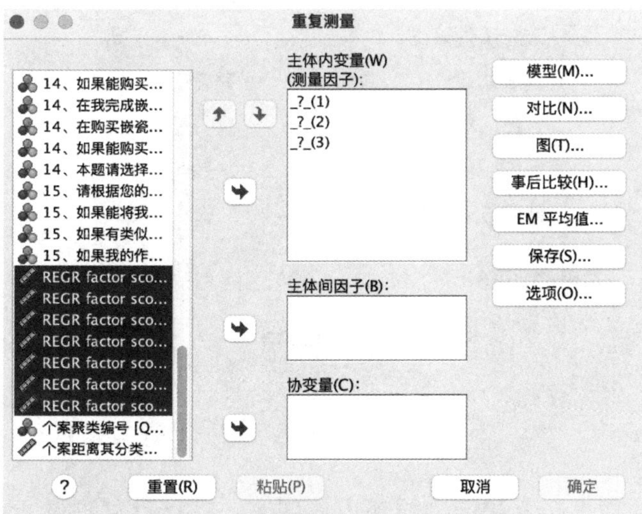

图5-23　SPSS操作：创建实验因子

此时还要设定估算边际均值，该功能用于计算控制其他因素影响后的调整后均值，如图5-24所示，在“重复测量：估算边际平均值”页面将“测量因子”放入右框，勾选【比较主效应】，“置信区间调整”选择【邦弗伦尼】，点击【继续】。

如图5-25所示，单击【选项】，勾选【描述统计】，然后点击【继续】，最后点击【确定】。

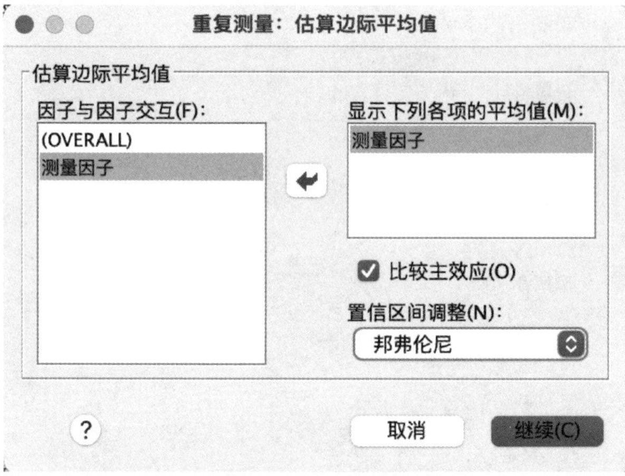

图5-24　SPSS操作：设定估算边际均值

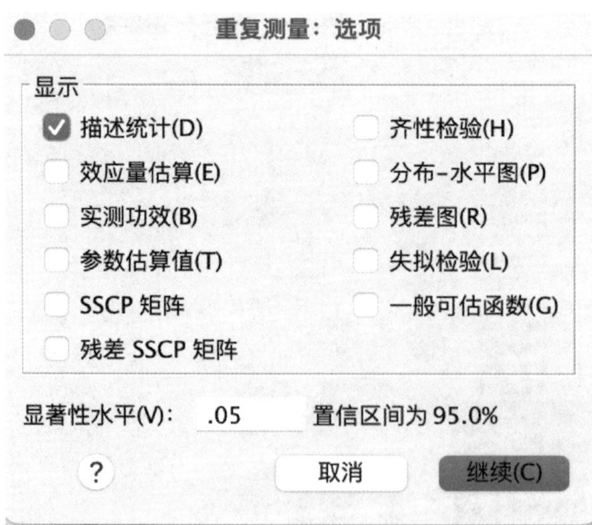

图5-25　SPSS操作：描述统计

接下来所有的数据会直接一次性输出成图表，进行重复测量方差分析数据比较。一般来说，球形检验结果会影响后续的数据分析，我们常观察的数据还是其判断显著性P是否大于0.05。如果图表中的显著性$P=0.2>0.05$，则说明符合球形检验，结果以一元方差结果为准。如果$P\leqslant 0.05$，则不符合球形检验。

当不满足球形检验时，查看“多变量检验表”或查看“主体内效应检验”第二行“Greenhouse-Geisser”检验的显著性P，若表中不同材料之间的测量数据有差异，则$P<0.001$。

当满足球形检验时，查看“主体内效应检验”第一行“假设球形度”，若表中不同材料之间的测量数据有差异，则$P<0.001$，说明这三个材料之间的差异是显著的。

通过上述分析只能判断这三组数据之间是有差异的，但是并不能判断三个材料中是哪两个之间有差异，此时需要通过分析成对比较表格进行比较，根据显著性$P<0.05$来判断两两之间的差异是否显著。可以从SPSS的输出报告中查看两两之间的差异显著性是否小于0.05，如果是，则代表它们是有差异的。

综上便能完成这一组数据的重复测量方差分析，目的是弄清楚哪两个数据之间存在显著差异。然后，再把数据在论文中报告出来即可。

在数据分析实践中，独立样本检验与配对样本检验是非常常用的统计方法，它们的功能很强大，能够在两种不同水平上进行有效比较。然而，这些方法的正确应用往往依赖于数据是否满足正态分布假设。正态分布作为许多统计测试的基础，其符合程度直接影响检验结果的准确性和可靠性。

当数据不满足正态分布假设时，一个常见的处理策略是采用非参数检验作为替代方案。非参数检验不依赖于数据的具体分布形式，因此在某些情况下显得更为灵活和稳健。然而，尽管非参数检验具有这些优点，其解释能力和应用范围却相对有限，可能无法充分挖掘数据的潜在信息。

另一方面，当数据虽未严格符合正态分布，但偏离程度不大时，有时研究者会选择“强行”使用基于正态分布的检验方法。这种做法虽存在争议，但在某些情境下，若检验结果的稳健性得到确认，仍可被接受。比如说当我们深入分析某些现象，特别是像电影评分这样的数据时，会发现它们往往并不遵循正态分布规律。许多观众在观看电影前抱有高度期待，一旦影片未能满足其预期，他们可能会立即给出极端的低分，如1分，而不会基于全面考量给出一个中间分。相反，如果电影非常符合他们的口味，则可能获得极高的评价，如5分。这种行为模式导致评分分布呈现出两端集中、中间稀疏的“U形”或“双峰”形态，而非正态分布中的平滑过渡。这种现象虽然看似奇怪，却较真实地反映了用户在评分时的心理和行为习惯。

此外，单因素方差分析（或类似的单数方向分析）对于正态分布的敏感性相对较低，因此在一定条件下，即使数据不完全符合正态分布，也能得到相对可靠的结果。

但数据如果严重偏离正态分布，特别是当偏离程度达到统计学上的显著水平（如P值接近0）时，继续使用基于正态分布的检验方法将变得不再合理。此时，选择非参数检验更为合适，尽管其解释能力可能受限。

（4）实证性研究的报告撰写 一个实证性实验的数据分析报告可以按照以下七个步骤逐步汇报，如果有多个指标，最后可以把所有的指标数据整理成一个表格或图，用可视化图表的方法表达出来。除了实验数据之外，结合PAD等量表的数据能够起到更强的说服力。

① 统计方法与分析指标：采用单因素重复测量方差分析方法，判断不同图案对研究对象DWELL TIME指标的影响。

② 异常值检测：经箱线图判断，数据没有异常值。

③ 正态分布分析：经Shapiro-Wilk检验，AOI 1数据服从正态分布（P>0.05），AOI 2、AOI 3、AOI 4数据不服从正态分布（P<0.05），考虑到被试量较大，可直接分析数据。

④ 齐性检验：经Mauchly's球形假设检验，因变量的方差协方差矩阵不相等，χ^2=18.562，P=0.002，经过Greenhouse-Geisser方法校正，ε=-0.734。图案的复杂性、颜色、亮度等设计差异或者被试的个体差异都有可能影响方差齐性。

⑤ 数据表示方式：数据以“均数±标准差”的形式表示。研究对象AOI 1、AOI 2、AOI 3、AOI 4的注视停留时间分别为（1447.25±607.59）ms、（809.16±551.77）ms、（506.41±371.17）ms、（654.84±481.44）ms。

⑥ 统计学意义：4个AOI的IA DWELL TIME差异具有统计学意义，F（2.202,70.477）=22.323，P<0.001。

⑦ 具体指标数值对比情况：AOI 2的停留时间比AOI 1的停留时间显著减少638.086ms（P=0.001）；AOI 3的停留时间比AOI 1的停留时间显著减少940.834ms（P<0.001）；AOI 4的停留时间比AOI 1的停留时间显著减少792.412ms（P<0.001）；AOI 3的停留时间比AOI 2的停留时间显著减少302.747ms（P=0.004）；AOI 4的停留时间比AOI 2的停留时间减少154.325ms（P>0.05），不具备统计学意义；AOI 3的停留时

间比AOI 4的停留时间减少148.422ms（$P>0.05$），不具备统计学意义。

在本例中，主要探讨不同形象（AI形象、仿真人形象、传统图文提醒方式）的主动式提醒代理对用户认知与情感的影响，以其中的FFD指标为例，其标准报告如下。

由于数据不服从正态分布（$P<0.05$），故采用非参数检验方法的Friedman检验，分析被试在三种不同主动式提醒界面下的FFD指标。经箱线图判断，数据没有异常值。三种提醒界面对被试的FFD指标的影响存在显著差异（$P<0.001$），通过进一步的成对比较发现，传统图文提醒方式与另外两种主动式提醒界面之间的FFD差异有统计学意义（$P<0.001$），仿真人形象主动式提醒界面与AI形象主动式提醒界面之间的FFD差异不显著（$P>0.05$），但都显著低于传统图文提醒方式，即AI形象和仿真人形象提醒界面具有更好的注意捕获和任务完成效率。

5.2.6 实验结论与设计启示

眼动指标所代表的意义可以用来解释对应的设计问题，以及对设计的启示作用。通过实证性研究所得到的设计结论、设计原则以及设计指导等具有更强的说服力，也可以更好地用来指导迭代设计。报告撰写方式参考如下。

本研究通过眼动追踪技术，探究了不同形态的主动式提醒代理对用户注意捕获效率的影响。以FFD这一关键指标的分析结果为核心，我们得以从认知机制层面解读用户的行为差异，并获得以下洞察。

（1）拟人化表征的有效性得到验证 实验结果表明，无论是AI形象还是仿真人形象，其FFD均显著短于传统图文提醒。这一发现强有力地证明界面元素的拟人化设计能够更快地捕获用户的视觉注意。这很可能是因为人类大脑对类人面孔或形象存在一种固有的、快速的加工优势，使得用户在信息处理初期就优先将注意力资源分配给此类刺激物。因此，在需要快速引导用户注意力的场景（如提醒、通知、错误预警）中，采用拟人化代理比传统图文形式更具优势。

（2）拟人化程度的“阈值效应” 一个非常有趣的发现是，尽管AI形象与仿真人形象在注意捕获的初始效率上无显著差异，但这并不意味着二者完全等价。这可能意味着，在达到一定的“拟人化阈值”后，单纯的形态逼真度提升对注意捕获的边际效益递减。用户的注意力可能更易被“是否存在一个具象的代理”这一特征所触发，而非代理外形的细微差别。这提示设计师不必一味追求极高的拟真度，一个风格化、设计良好的AI形象或许就能在实现注意捕获目标的同时更好地契合产品的整体调性。

（3）传统图文提醒的局限性 传统图文提醒方式较长的FFD表明，其在与拟人化代理竞争用户注意力时处于劣势。在信息过载的界面环境中，纯文本或图标提醒更容易被用户忽略，这可能增加操作失误或错过关键信息的风险。

基于上述讨论，我们为嵌瓷体验App及同类AIAS的交互设计提供了以下具体、可操作的设计启示与原则。

（1）优先采用拟人化代理进行主动提醒 在设计主动式提醒、引导或反馈功能时，应优先考虑引入拟人化的代理形象，无论是卡通AI风格还是仿真人风格，利用其高效的注意捕获能力，确保关键信息能被用户及时感知。

（2）注重代理设计的整体质量而非盲目追求高拟真度 在资源有限的情况下，将设计重心放在代理的整体造型、色彩、动态效果的流畅性与趣味性上，其收益可能高于投入大量成本追求极致的皮肤纹理或毛发细节。一个设计精良的卡通形象同样能有效完成任务。

（3）为传统图文提醒设计增强策略 在确实需要使用传统图文形式的场景下，必须通过设计手段弥补其先天劣势。可通过增强视觉对比度（如高饱和度的背景色）、添加微动效（如轻微跳动或渐显）或将其放置在用户视觉路径的关键位置上，以提升其被注意到的概率。

（4）构建一致性与情感化的代理角色 代理的形象、性格和互动语气应在整个应用中保持一致。这不仅有助于用户建立心智模型，更能通过长期互动激发用户的情感联结与信任，从而可能在未来影响更深层次的用户体验指标（如满意度、忠诚度）。例如，为一个致力于传承传统文化的App设计一个兼具智慧、亲切感以及新中式调性并与嵌瓷艺术符号相结合的IP形象——“瓷灵嵌嵌”，能更好地契合产品调性，产生情感化的传播力（图5-26）。

（5）启示的普适性 本研究结论虽源于特定案例，但其揭示的“拟人化设计在注意捕获上的优势”原则可推广至广泛的数字化产品领域，如智能助手、车载HMI、教育软件、电商导购等任何需要高效、友好地引导用户注意力的场景。

综上所述，本研究通过实证数据将设计决策与用户体验定量指标相关联，超越了主观经验层面。它证实了拟人化交互代理的价值，并为后续的迭代设计提供了明确的方向与坚实的理论依据，是践行“数据驱动设计”理念的典型范例。

图5-26 “瓷灵嵌嵌”的设计启示

5.3 课后练习

基于前期确定的设计方案完成一项完整的用户体验实证研究。需要据此制备实验材料（如设计原型、任务脚本等），明确研究问题并提出具体的实验假设，继而开展可用性测试与眼动实验以验证假设。该项任务旨在模拟真实的科研流程，具有一定的挑战性，要求综合运用人机交互研究方法和实验统计学知识进行实验设计、数据采集与分析。对于有科研兴趣或有论文发表计划的同学而言，这将是一次宝贵的完整科研训练。根据我们指导本科生的经验，一个完整的毕业设计流程，从熟悉实验设备、规划实验方案，到学习统计分析，直至最终完成论文撰写，通常需要五个月的时间。建议以两人一组的合作方式完成眼动实验，可以各自做不同的实验以完成个人毕业课题。两人一组的好处是通过持续讨论与共同攻坚，能更高效地克服困难，顺利完成从实验到分析的全过程，并深化对研究方法的理解。